城市更新中的雨污混接改造
工程管理实务与创新

上海百通项目管理咨询有限公司、上海市浦东新区生态环境局基建项目和资产管理事务中心、上海市浦东新区水务建设工程安全质量监督站　编

顾　超　朱树波　张珊珊　李海燕　赵　鹏　王　斌　编著

同济大学出版社
TONGJI UNIVERSITY PRESS
·上海·

图书在版编目(CIP)数据

城市更新中的雨污混接改造：工程管理实务与创新 / 上海百通项目管理咨询有限公司，上海市浦东新区生态环境局基建项目和资产管理事务中心，上海市浦东新区水务建设工程安全质量监督站编；顾超等编著. —上海：同济大学出版社，2023.12

ISBN 978-7-5765-0944-1

Ⅰ. ①城… Ⅱ. ①上… ②上… ③上… ④顾… Ⅲ. ①城市污水处理—系统工程—研究 Ⅳ. ①X703

中国国家版本馆 CIP 数据核字(2023)第 197276 号

城市更新中的雨污混接改造：工程管理实务与创新

上海百通项目管理咨询有限公司、上海市浦东新区生态环境局基建项目和资产管理事务中心、上海市浦东新区水务建设工程安全质量监督站 编

顾 超 朱树波 张珊珊 李海燕 赵 鹏 王 斌 编著

出品人 金英伟 责任编辑 孙 彬 责任校对 徐逢乔 封面设计 陈益平

出版发行 同济大学出版社 www.tongjipress.com.cn
(地址:上海市四平路 1239 号 邮编：200092 电话:021-65985622)
经 销 全国各地新华书店、网络书店
排版制作 南京展望文化发展有限公司
印 刷 常熟市华顺印刷有限公司
开 本 710 mm×1000 mm 1/16
印 张 12.5
字 数 250 000
版 次 2023 年 12 月第 1 版
印 次 2023 年 12 月第 1 次印刷
书 号 ISBN 978-7-5765-0944-1

定 价 68.00 元

编 委 会

前言 INTRODUCTION

在城市发展和更新的进程中，雨污混接改造工程发挥着至关重要的作用。这一类型的工程不仅关乎城市的环境质量，还直接影响到市民的生活水平。然而，雨污混接改造工程在实际操作中往往面临诸多困难和挑战，包括技术、管理、资金和政策等方面。在此背景下，本书应运而生。

本书的目的是系统地介绍和分析雨污混接改造工程的实务操作和创新方法，为从事此类工程的专业人士提供参考和指导。全书分为七章，深入探讨了工程的背景、必要性、相关概念、方案及内容、现状分析，项目前期工作，项目实施阶段的管理，项目运营管理，项目风险管理，以及创新实践和典型案例。

第 1 章是绪论，介绍了雨污混接改造工程的背景和必要性，并阐述了相关的概念和方案。这为读者提供了一个宽广的视野，理解雨污混接改造工程的重要性。

第 2 章关注项目前期的工作，包括技术方案的报批、项目总投资及其报批、招标采购工作等，为项目的顺利实施奠定基础。

第 3 章和第 4 章深入讨论了项目的实施阶段管理和运营管理，包括材料及设备质量管理、现场施工质量管理、安全管理、进度管理、竣工验收与移交管理，以及运营管理的相关问题和对策。

第 5 章专注于项目的风险管理，介绍了风险管理的框架、风险识别、风险评估、风险应对和风险监控等内容。

第 6 章是创新实践与思考，探讨了雨污混接改造工程中的创新材料和技术、干系人管理、数字化管理、绿色低碳管理和长效管理机制等方面。

第 7 章通过一个雨污混接改造工程的典型案例，展示了本书所介绍的理论和实务在实际工程中的应用，并提炼出成功的要素和经验。

本书适用于雨污混接改造工程的施工方、管理方、设计方、投资方以及相关政府部门的工作人员。同时，对于工程管理和环境工程专业的学生和学者，本书也是宝贵的学习和研究资源。

目录 CONTENTS

第1章
绪论

【本章导读】 环境问题是当今社会面临的重要课题，其中，水环境是至关重要的子课题。2015年，国务院发布《水污染防治行动计划》，明确要求加大水污染防治力度，贯彻落实水环境治理工作。雨污混接是水环境治理中的顽疾，推行并完成雨污混接改造工程是城市更新中的重要环节，对城市水环境质量、城市安全和居民生活环境都具有重大意义。以上海市为例，本章主要概述雨污混接改造工程的相关背景和基本情况，主要内容包括：

(1) 分析雨污混接改造工程背景和必要性；

(2) 介绍雨污混接改造工程的相关概念；

(3) 总结雨污混接改造工程的方案及内容；

(4) 对雨污混接改造工程的现状、经验、困境进行分析，并总结产生困境的原因。

1.1 雨污混接改造工程概述

1.1.1 雨污混接改造工程背景

当今全球范围内，环境问题已成为各国所面临的重大挑战之一。其中，水环境问题尤为突出，其影响尤为显著。确保水环境清洁安全是保障人民健康生活、促进经济社会可持续发展、实践生态文明、建设美丽宜居城市所不可或缺的前提。水是生命之源、生产之要、生态环境之本，是人类社会赖以生存和发展的不可替代的自然资源。然而，目前一些地区存在着水环境质量不佳，水生态严重遭受破坏的问题，环境隐患十分突出。这些问题不仅影响和损害了当地居民的健康，而且阻碍了经济社会的可持续发展。

2015 年，国务院发布《水污染防治行动计划》，目标为推进生态文明建设，改善水环境质量。其中明确提出：到 2020 年全国水环境质量得到阶段性改善，污染严重水体大幅度减少，饮用水安全保障水平持续提升，地下水超采得到严格控制，地下水污染加剧趋势得到初步遏制，近岸海域环境质量稳中趋好，京津冀、长三角、珠三角等区域水生态环境状况有所好转。到 2030 年，力争全国水环境质量总体改善，水生态系统功能初步恢复。到 21 世纪中叶，生态环境质量全面改善，生态系统实现良性循环。紧随其后，为了全面贯彻落实国家《水污染防治行动计划》，上海市根据其城市特征，于 2015 年 12 月发布了《上海市水污染防治行动计划实施方案》，指出市水务局、住建委、环保局等相关责任单位应加大力度，积极推进市政设施污染控制工作，全面展开城市建成区排水管道的大规模排查，实施市政管道雨污混接改造，根据当地实际情况开展老旧小区雨污混接改造，力争在 2020 年前基本解决市政管道雨污混接难题。事实上，早在

2015 年 9 月上海市水务局发布的通知中就明确提出，对于本市分流制公共排水系统及接入公共排水系统的企事业单位和住宅小区等，需要加快推进分流制排水系统的雨污混接调查和改造工作，以确保其正常运行。

雨水和污水混合，形成了一种名为雨污混接的现象。随着城市化进程加快，我国许多大中城市面临着日益严重的“雨污”矛盾，因此必须加强雨污混接改造工作，实现水资源高效利用，保障人民群众生活用水安全。从 2015 年开始，上海市在全国范围内率先实践，专项启动了雨污混接综合治理工作的计划，积累了一定的实践经验和推广价值。上海市在实践中采取的措施包括预先制订工作方案、积极开展技术指导、开发综合信息平台等，以此积极推进雨污混接综合改造工作。

1.1.2 雨污混接改造工程的必要性

雨污混接改造工程的重要性不言而喻，水环境不仅是城市发展的基石之一，更是检验城市管理水平的关键指标之一。国内城市普遍存在雨污混接现象，造成极大影响，严重威胁了分流制排水地区的河道水环境质量以及排水系统的稳定运行。主要问题如下：

(1) 由于大量污水被排放至雨水排水系统，最终又流向水体，因此对水环境质量造成了恶劣影响。

(2) 在遇到降雨时，雨水大量涌入污水排水系统，这极大影响了污水的正常排放，导致水溢流、路面积水。此外，污水处理厂的进水量也被迫增加、进水水质极大降低，导致污水处理厂的处理运行效率、污染物减排效率都受到影响，严重时甚至会引发溢流现象。

(3) 在雨污水的运输过程中，管道经常被混接水量占据，这就不可避免地导致管道输送效率大幅下降，更严重的是还可能在管道、输送泵站等处发生溢流现象。

综合以上问题，实际工作中在加强践行“绿水青山就是金山银山”理念的同时，更需要深刻认识到，健康的生态环境是实现最普惠的民生福祉的必要条件。雨污混接改造作为一项功在当代、造福长远的重大民生工程，可以带来重要的社会效益和经济效益，主要包括四个方面：

（1）恢复水环境系统的良好生态健康。雨污混接改造可以有效控制污染源头，减少混流污水对自然水体的影响，从而避免对周围水环境的污染。在将“雨污合流”转变为“雨水入河、污水进厂”之后，污水管网主要输送的是生活污水，实现了对环境的保护。在城市降雨期间，雨水和污水将各行其道，这将使污水处理厂的瞬时水量得到有效减少，污水处理厂的运营成本也将大幅降低，从而保证城市污水处理系统的安全和稳定运行。

（2）助力城市更新及海绵城市的建设，促进城市的可持续发展。基于海绵城市理念，雨污混接改造工作充分利用内涝防护功能，实现雨水污水的高效优化处理。传统意义上的雨水和污水分流比较简单，基于海绵城市的理念，雨污混接改造可以有效吸收、储存、渗透和净化雨水和污水，从而提高城市的抗涝能力和韧性，保证水安全、水资源、水环境和水景观的协同发展，推动城市可持续发展。

（3）全面提升当地居民的身体健康和生活品质。雨污分流管网是城市中的“毛细血管”，其通畅度直接影响着城市环境和居民的生活质量。通过实施雨污混接改造工程，将彻底解决居民排水困难、污水滞留、气味难闻等问题，改善城镇功能，提升城市形象，提高居住环境质量，全力提升广大人民群众的获得感、幸福感和安全感。

（4）彰显政府在城市治理和生态保护方面的能力。在“人民城市人民建，人民城市为人民”的核心理念指引下，雨污混接改造的力度和效果不仅体现了城市基础设施的现代化水平，更凸显了地方政府在环境保护和可持续发展方面的水平。

1.1.3　雨污混接改造工程的相关概念

1. 排水系统

排水系统是由一系列设施组合而成的，其中包括收集、输送、处理和排放等设施，以确保水质的稳定和安全。一般而言，排水系统可分为分流制和合流制两种类型。

1）分流制排水系统

分流制排水系统旨在将生活污水、工业废水和雨水分别输送至两个或两个以上分别独立的管道中，从而实现废水和雨水的高效分流排放。目前我国大部分城镇都采用这种排水体制。由于它们之间互不连通，因此可同时完成污水处理与排水工作。生活、餐饮、工业等各类废水在经过收集后，将由污水管道输送至污水处理厂处理，当水质符合排放标准时，再将其排放至河道，以避免对河道造成污染；雨水在经过管道的收集后，会被直接输送至河道中(图 1－1)。

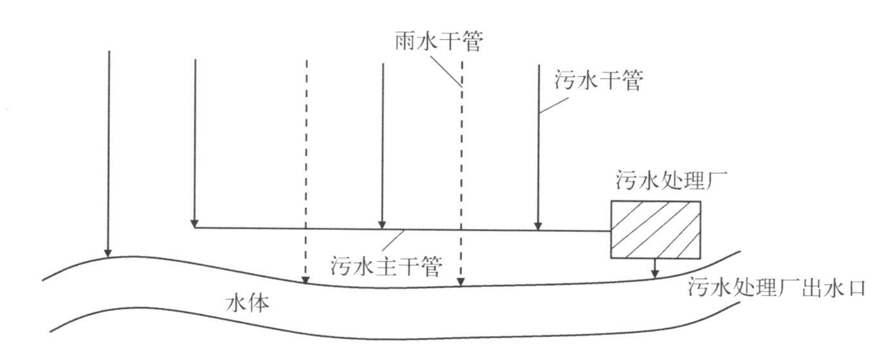

图 1－1　分流制排水系统

来源：作者绘制

2）合流制排水系统

合流制排水系统主要是将生活污水和雨水共同输送至合流管，雨水和污水在经过合流泵站处理后，将输送至污水处理厂处理，最终处理后符合水质标准的水将排入河道(图 1－2)。

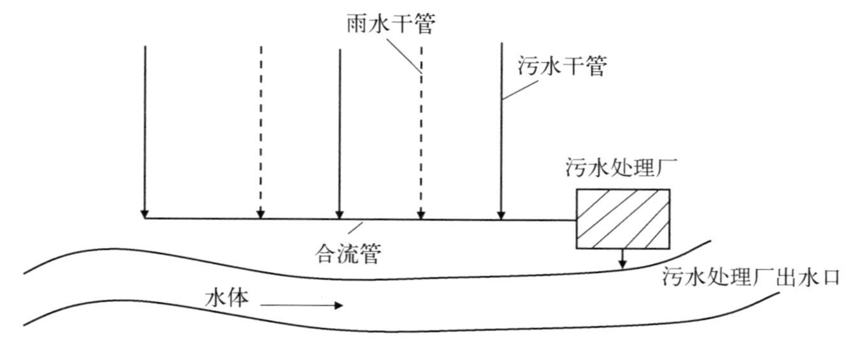

图 1－2　合流制排水系统

来源：作者绘制

3）上海市排水系统建设情况

上海市排水体制主要是使用分流制，合流制作为辅助措施。具体分为两种情况，新建地区一般采用分流制，而已建成区则保持既有的排水体制，其中，对于已建分流制地区的混接污水采取分流措施，对于已建合流制(主要是中心城区)，则进行系统完善。截至 2022 年年末，上海市内的市政排水管道总长度约为 2.9×10^4 km，其中分流制排水区域所占比例达 94%。上海市雨水排水系统于开埠后建设，主城区一般采用的排水模式为强排，主要采用增设调蓄和设施改造等综合措施。同时，为确保暴雨时有效防洪排涝，部分区域设置了截污管网及溢流泵站等配套设施。在规划中，设置了 3 条横向集中的线性调蓄管道，此外，每个排水系统均增设了一些收集干管，目的是收集超出原设计标准的雨水，之后输送至集中线性调蓄管道进行削峰调蓄。在雨停之后，雨水将被送至末端的处理设施，得到处理后将排到长江。主城区之外的其他多数地区采用的模式为自排，重点目的为加强源头径流控制。采取雨水分流、增排或翻排管道、控制内河水位等方法，从而符合海绵城市建设要求，并最终实现地区排水防涝系统的整体提升。

2. 雨污混接

雨污混接主要是指在分流制地区（强排地区、自排地区）存在的这样一种现象：管道内雨水和污水相互连接，或者通过分流制的管道与相邻的合流制管道相连，因而在同一排水管道中会同时存在污水和雨水（图1-3）。雨污混接的主体类型包括市政、住宅小区、企事业单位、沿街商户以及其他类型。上海市自2015年10月起开始启动雨污混接专项调查，历时不到三年，各区已基本完成此次专项调查。根据统计，共排查雨污水管道 1.9×10^4 km、雨污水检查井和雨水口104万座、混接点20 290个。市政、住宅小区、企事业单位、沿街商铺和其他混接点的数量分别为543、3 467、7 756、7 171和1 353个。从混接点数量上来看，企事业单位最多，大约占混接数总数的38%。在中心城区的住宅小区中，混接使用的水量占比超过60%。

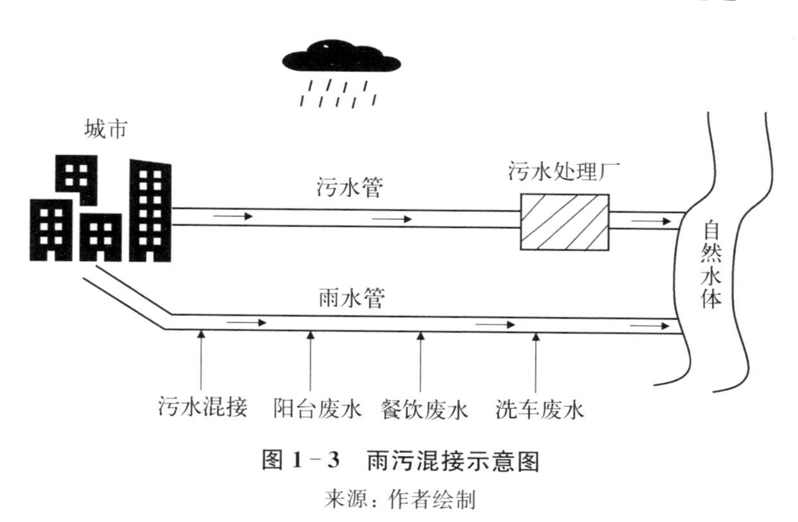

图1-3　雨污混接示意图

来源：作者绘制

1.1.4　雨污混接改造工程的方案及内容

雨污混接的综合整治不完全是政府部门实施改造和直接主导的任务，它需要协调各个部门和有关产权单位、广大群众，协同努力，从而消灭混接点，实现水环境整治。根据混接主体，雨污混接改造项目可分为4

类，分别是住宅小区混接改造、市政混接改造、企事业单位混接改造和沿街商户混接改造。

1. 住宅小区混接改造

上海市于2018年发布《上海市住宅小区雨污混接改造技术导则》要求，对住宅小区雨污混接改造提供了技术指导。其中主要涉及的改造方式如下。

1）全面雨污混接改造

全面雨污混接改造的情形主要针对分流制排水范围内的合流制小区，或者建设年份较早、管道破损或雨污混接情况严重的分流制小区。接入市政污水管道前，小区污水管道应设置格栅检查井，此时要特别注意格栅检查井的设置位置，应将对居民生活的影响降到最低且利于后期的疏通与养护。遇到小区居民或物业私自将室内厨房或卫生间污水接至室外雨水排水系统的情形，应在查明私接原因的基础上开展对应的改造措施：① 对于由于建筑沉降造成排出管断裂或倒坡的情况，需要拆除私接的污水管道，重新铺设污水出墙管，并将其接通至小区污水管道；② 如遇到因检查井或主干管堵塞引起排水不畅的问题，应及时疏通，或者对检查井和排水管道予以新建，对私接的污水管道进行拆除。对于小区的沿街商铺，其产生的餐饮废水在接入污水管网前，应设置隔油池等设施，此外，还应单独敷设污水管道收集废水。

2）局部混接点改造

局部混接点改造的情形适用于位于分流制排水系统范围内的，但仍存在部分混接现象的分流制小区。对于污水与雨水混接处，采取永久性封堵、截断等措施，使得污水排至对应污水管道。另外，对于下游管段的排水能力应进行校核。

3）阳台废水混接改造

阳台废水混接主要是指阳台与屋面排水共用雨水落水立管而导致的

雨污混接现象，可采用下列方法改造：① 新建屋面雨落水管，并将原雨水落水管改造为阳台的废水管；② 新建废水立管，主要采取的措施是将阳台废水经带存水弯的横支管接入新建废水立管，此外，废水立管顶端应设置伸顶通气管，其设置应根据国家现行标准《建筑给水排水设计规范》（GB 50015）。

4）末端截流

对于现场条件不允许的情形，末端截流是可审慎考虑并采取的一种方式，等到条件满足要求时再去进行雨污混接改造工作。在考虑小区末端污水截流井的设置地点时，应综合根据雨、污水管道位置、标高、周边地形等指标因素来确定。

5）其他类混接改造措施

这类涉及的改造措施较为广泛，主要包括提高城市精细化管理水平、政府各部门通力合作、引导小区居民爱护排水设施、依法依规排水等措施。此外，执法监督等措施也应并行启用，如对露天洗车、临时大排档违法排污等行为的监管与执法等。

2. 市政混接改造

市政混接情形较为复杂，混接原因通常包括雨污水管网不健全、支管乱接和错接、雨水口错接污水、雨水口接入污水井等。针对这些情形，主要改造方式有以下 2 种。

1）改造错接支管，封堵雨、污水（合流）连通管

如果有雨、污水支连管错接，则应废除原错接管道，并对原支管进行改排；对于雨、污水管道连通的情况，采取封堵连通口的措施；由于出路问题导致支管错接或者连通的，须同步采取有效措施来保证雨污水出路。

2）健全及完善污水系统管网

如果雨污混接的原因是污水系统不完善或管道结构性缺陷等，则应该加快开展污水管道的新、改、扩建，对于已损坏管道应及时修复，从而恢

复管道原先功能，继而满足污水排放需求。

3. 企事业单位混接改造

类似于住宅小区内部混接情况，企事业单位内部混接的改造措施可以划分为三种情形：封堵企事业单位所私接的管道；经隔油池的预处理后，企事业单位的食堂和餐厅的污水可以接入市政污水管网；对于企事业单位的工业废水，需要通过废水处理系统进行合格处理，并按照相关要求安装水质检测仪，在达到市政管网的纳管标准后，允许排入市政污水管网。

4. 沿街商户混接改造

涉及的主要改造措施可以分为以下三种：

（1）如果持有排水许可证，那么商户可将污水改接入地块，并单独敷设污水管，设置隔油池等设施，最终经统一出口排入污水管道。

（2）如果没有排水许可证，那么将直接对商户私接的管道进行封堵。

（3）在混接改造前，需要反复核对产生混接点的污染源，一旦商铺经营性质调整或者变化，那么改造方案也需要相应改变。

1.2 雨污混接改造工程现状、经验与困境分析

1.2.1 雨污混接改造工程现状

雨污水管混接是国内分流制排水地区中常见的一种方式。我国许多城市正在积极开展雨污混接改造工程，如上海、广州、天津、杭州等。

2015 年，上海市政府在全国率先开展分流制地区的雨污混接调查工作。用时 3 年，检查覆盖 19 000 km 的雨水污水管道，发现 20 290 个混接点。在调查了解翔实后，上海市多措并举，快速强有力地推进雨污混接改造工作的进行。2018 年，上海市发布了《关于进一步加快推进和落实本市雨污混接综合整治工作的通知》，对沿街各企事业单位和商户的违规排

水情况进行重点排查整治。同时，上海市发布《上海市住宅小区雨污混接改造技术导则》，主要从勘察、设计、施工验收、运营管理等不同阶段为住宅雨污混接改造工程提供技术规范和指导。

2019年，上海市水务局、上海市房屋管理局印发了《开展上海市雨污混接综合整治攻坚战的实施意见》，通过采取专项攻坚战的形式，更高效地推进雨污混接改造。到2019年年底，上海市已共计完成各类混接点改造17 746处，占总计划数的87.46%。2020年，上海市发布了《关于坚决打赢雨污混接改造工作“收官战”的通知》，这标志着五年攻坚战的圆满完成。同时，为保障改造成果的持续有效，相关联合执法部门定期开展雨污混接系列专项执法行动，深入一线巡查，加大执法力度来倒逼规范排水。2018年至2020年两年间，共计开展专项检查3 000余次，立案250余起，罚款460余万元。

2020年5月1日，为保障雨污混接改造工作顺利进行，上海市正式实施《上海市排水与污水处理条例》。其中特别规定，建设住宅项目的阳台、露台应当按照住宅设计规范对污水管道进行设置，建设项目的内部排水应设置雨污水分流。2021年，上海市在完成2020年雨污混接改造攻坚战任务的基础上，重点聚焦泵站放江水质较差、雨天污水系统增量明显、雨污水管网不完善等区域，新发现小区混接点约2 200个，并预计于2023年上半年全面完成改造。同时，对400余个前期采用外部截流改造的小区，上海市将结合旧住房改造、美丽家园建设等项目持续推进改造，并同步实施阳台立管改造。预计在2023年年底，上海将完成全市面上的雨污混接改造工作。

1.2.2 雨污混接改造工作经验总结

1. 靶向施策推进各类改造

雨污混接改造工作是一项系统性综合治理工作，上海市政府及有关部门对于相关工作目标的完成有着明确的标准和要求。2015 年发布的《上海市水污染防治行动计划实施方案》就明确规定了 2020 年前必须完成全市雨污水管道大排查，结束市政混接点的改造工作，同时逐步开始住宅小区的雨污混接改造工作。

上海市政府在河道整治工作不断深入进行的过程中，发现雨污混接改造并不彻底，始终没有完全消除河道的黑臭。由此，政府对于改造工作更加重视，进一步严格要求，针对苏州河四期整治、各黑臭河道整治、市政府年度重点任务等专项整治工作，均发布文件明确混接点的改造细节和目标成果。以上海市水务行业主管部门市水务局为首，通过下发《上海市水务局关于开展分流制排水系统雨污混接调查和改造工作的通知》（沪水务〔2015〕899 号）的方式，细化对市政府工作的具体要求，将各区有关部门的职责分工落实到位，并要求各区在前期调查时委托专业的检测单位，使用电视、声纳检测相结合的常规手段对检查井、排水管、排放口和排水户的出水管进行全面调查。在仔细查清混接点、混接程度后，应分析混接发生的原因，从而针对性地设计出专项改造方案，有效实施改造。

长江经济带生态环境保护审计报告中提到上海市部分企事业单位和沿街各类商户的混接整治没有做到长期有效。因此，上海市水务局在 2018 年发布的《关于进一步加快推进和落实本市雨污混接综合整治工作的通知》里，详细规定了各混接改造标准和限期完成的时间点，以书面形式告知各企事业单位和沿街商户混接行为的存在及其危险性，督促各家以最快速度进行整改。通过发现问题、精准施策的方式，实现各点突破、高效治理。2019 年，上海市开启雨污混接改造专项攻坚战。2020 年发布“收官战”通知，全面完成雨污混接改造的各项任务，这也标志着市政混接改造的全面完成。

2. 及时出台技术标准与定额

此前，国家对雨污混接改造相关内容的专业规范没有作出规定，缺少统一的调查方法和判断依据，上海市也没有相关的调查技术和费用成本依据，因而没有可以量化的标准供调查结果参考，导致无法准确测算成本。做好雨污混接改造的前期调查工作，不仅能为改造工程做好准备，也能帮助各区的管理部门做好项目资金预算并辅助第三方技术企业完成技术报价。因此，有关雨污混接调查的规范必不可少。在2016年，上海水务定额站编制了《上海市雨污混接调查综合单价》，主要涵盖混接水质测定、混接点流量测定、开井雨污混接点位置调查、排放口调查、废弃排放口排摸等多项内容。随后，上海市水务局组织业内企业和专家共同编制了《上海市分流制地区雨污混接调查技术导则（试行）》，进一步指导、规范上海分流制排水系统的雨污混接调查工作，为调查工作提供技术指导。此外，在2018年，市水务局与市房管局合作收集了上海市前期住宅小区雨污混接改造项目的众多案例，用于分析住宅小区内现存雨污混接类型和改造方式。在总结了以往项目中存在的经验教训，并广泛征求设计、建设、管理等部门单位的意见后，水务局与房管局组织设计院、行业管理部门、设备公司等联合编制了《上海市住宅小区雨污混接改造技术导则》，统一了技术标准，从而提高了住宅小区雨污混接改造水平，保证雨污混接改造的完成质量，加速上海市住宅小区雨污混接改造工作的有效进程，为住宅小区雨污混接改造提供强有力的技术支持。

3. 条块结合，以区为主

雨污混接改造项目作为一项综合性较强的系统性工作，如果只靠区级政府或者市级水务，并不能圆满完成相关任务，只有通力合作、条块结合才能实现最终目标。主要负责雨污混接综合整治工作的是各区级政府，通过建立区分管领导牵头、区相关部门和镇（街道）政府参与的工作机制，可以强化属地责任、加强属地管理，积极推动辖区内的雨污混接改造工作。市级层面则由市水务局和市住建委牵头，利用河长制工作平台，将综合整治工作纳入河长制的考核内容，并与市发改、工商、财政、城管、房管、公安、环保、新闻宣传等部门统筹协调，共同推进雨污混接的整治工作。同时，相关部门须对各区整治实施情况实行定期检查与随机抽查结合的方法，在规定时间内对各区的项目进展情况、资金使用状况、遗留问题等内容予以通报，从而保障整治工作的有效推进。另外，也应积极推动区域内的央企、市企、部队等协助完成雨污混接改造工作。

4. 借助河长制推行改造工作

目前，上海在各区内都设立了河长制的办公室，可以借助河长制的先进工作机制来帮助推动雨污混接改造工作。以浦东新区为例，2017 年 4 月印发的《浦东新区河长制实施方案》明确了六大工作任务，包括进一步加强水污染防治、河湖水面积控制、水环境治理、水资源保护、水生态保护、河湖水域岸线管理保护。基于河道图，同时结合河道、河长 2 个维度，浦东新区水务局率先在全市开发出集移动互联、地理信息系统等技术于一体的浦东水务信息共享云平台，搭建移动端＋PC 端综合应用系统，并配合构建出“浦东河长”和“河道长效管理系统”2 个子平台，让河长制工作加快步入创新管理、智慧治水新阶段。

1.2.3 雨污混接改造工程困境分析

虽然上海市面上的雨污混接改造工作即将于 2023 年年底完成，但在执行过程中也曾遇到过一些难题和困境。这些问题与其他城市的同类工程具有一定共性，因此也具有一定的参考借鉴价值。总结如下。

1. 部分区排水设施不完善

不同程度的污水管网缺失情况在各区建成区域里都有所发生，这也直接影响了周边排水户的污水排放，导致雨污混接改造进度滞后。其中以崇明区情况最为严重，其管网缺失达 55 km，与国家“水十条”的要求差距较大。污水管网建设按照要求，须符合国家“水十条”中全面控制污染物排放方面的计划措施，但就现在情况而言，尚有进步的空间。

2. 混接主体对改造工作积极性不够

社会不断进步，人们对于水环境的保护意识也在不断增强。不过仍有少部分群体对其重要性了解不足、不够重视，混接改造工作时容易出现主动性不强、积极性不高、缺少担当精神等问题，导致项目进度缓慢，在推进过程中更是容易导致许多问题。具体表现有：混接改造项目进度停滞不前，实际混接改造行动效率低下；有关改造项目的信息上报延迟，数据管理平台不能同步录入，上报的信息数据与工作实际完成情况不能完全匹配等。

3. 沿街商户混接执法问题多

沿街商铺往往是日常生活中人流量和用水量最大的地方，因此常常会存在执法问题，其中尤以餐饮门面最为突出。街道商铺中涉及餐饮的门面范围广、数量多，对于污水管网的使用要求也就更加严格。若雨污水管网中的油污增加，很有可能会堵塞管道导致排水不畅，因此需要水务人员的执法监管。但在现实执法过程中，经常会遇到执法主体不明、立案周期长、取证难度大等情况。相较于众多的沿街商户，水务执法人员数量、时间精力有限、执法力量较为薄弱；而利用综合执法手段来督促商户们进行雨污混接改造的想法，在真正协调起各方的配合时难度也很大。此外，还存在街道部分商铺的业态设置与其内部公共污水管道规划不相匹配的问题。

1.2.4　雨污混接改造工程面临困境的原因

1. 排水系统历史遗留问题

仔细分析之前雨污混接改造工作中产生困境的原因，不难发现，其中是存在一定共性和必然性的，主要是一些历史遗留问题。早期上海市的排水系统基本为合流制，早期时雨污水全部合流到污水厂进行处理，等到了雨季下雨量超过处理能力时，过剩的雨污水则会排入河道。20 世纪 80

年代开始，国内逐步形成以分流制为主、合流制为辅的排水格局。上海市紧跟国内规划步调，后续建设过程中的排水系统均设计为分流制，并有意识地将原本的合流制系统陆续改成分流制。但因为排水系统的管网均埋在地下深处，老旧管线的建设主体也不尽相同，加上存在资料缺失等情况，所以对于旧时的合流制系统改造并不彻底。

随着现代建设水平不断提升，建造工艺也在逐步增强，老旧技术的弊端逐渐突显出来。首先体现在原有的设计标准上，部分住宅小区设计中阳台部分缺少单独设置的污水管道，并且现有设置的管道建材质量及其施工也存在标准较低等问题；其次是原来的施工技术水平不高，如管道的敷设、附属窨井的砌筑等都没有严格遵照建筑规范进行施工，很容易就会产生破损口，而雨污水在进入破损口后，内、外渗漏就会导致混接；最后，有些施工人员对房屋的沉降测算不足，导致建筑物出墙管道破损，底层排水不畅，影响到群众生活，最终使得社区内居民私拉乱接水管现象严重。

2. 改造技术和保障措施相对不足

除了历史遗留问题，雨污混接改造中还存在着一定的社会原因，主要包括混接改造方面技术和保障措施相对不足等。

其一，目前有关排水方面的法律法规建设有所滞后，对于一些违排乱排现象缺少强有力的执法监督手段；其二，混接改造的基础性工作效率不高，如雨污混接后果考虑不足，缺乏相对应的调查、评估、改造技术手段；其三，对排水建设基础设施的重视性不强、投资力度不够，部分区域内留有排水空白点或排水管径偏小，一旦出现地块开发排水设施却没有配套齐全的情况，很容易造成混接乱排；其四，在改造工作的过程中需要各级财政的支持，普遍压力较大，有关排水管道养护的经费时常不能足额拨付，这也导致负责水管养护工作的关联企业利润较低，在需要配置物资、更新先进设备时缺少主动性和积极性。

3. 企业和个人环保意识淡薄

除客观因素外，部分单位和个人环保意识淡薄同样是造成雨污混接改造工作难以开展的重要原因之一。虽然一些单位在进行办公室、厂房建设时严格遵守了雨污分流的原则，但在后期投入使用后并没有对排水设施进行日常维护，疏于管理也无专业修缮措施，致使建筑内部管道堵塞损坏。当雨天排水不畅发生渗漏时，再去人为疏通雨污水管道，最终造成混接。另外，多数企事业单位的办公用地是以租赁的形式进行使用，在房子到期搬走后，新租住的单位并不会对房屋铺设的排水管网进行重新梳理和调整，而是沿用原有管道。不同单位工作方式及内容都不尽相同，长此以往，后续就可能产生混接问题。沿街的商户一样对排水专业知识缺少了解，为节省成本经常采取隐蔽性混接处置，违法成本较低。

对于企事业单位来说，雨污混接改造不仅需要前期投资，更重要的是后期运维费用要占据较大成本。而考虑到改造事宜对其并无明显的经济效益，企事业单位基本会对雨污混接改造工作表现出不配合不积极不主动的态度，这无不显露出其环保意识淡薄的问题。

第2章

项目前期工作

【本章导读】 项目前期工作是整个雨污混接改造项目成功的基础。按照时间顺序，可将项目前期工作分为以下几个重要环节：建设主体上报技术方案；区生态局供排水处审批并下发技术方案批复；建设单位上报总投资；发改委审批并下发总投资批复；设计招标、勘察招标、施工招标、监理招标等；工程报监。雨污混接改造工程具有利益相关主体多、项目难度大等特点，因此其前期工作十分重要。本章主要阐述雨污混接改造项目前期工作，主要内容包括：

(1) 技术方案的上报和批复工作；

(2) 总投资的上报与批复工作；

(3) 设计勘察、施工、监理等专业服务的招标；

(4) 报监工作。

2.1　技术方案及其报批

2.1.1　规划设计准备工作

1. 前期调查

1）资料收集

在雨污水混接改造项目规划过程中，建设单位和设计单位应收集以下内容：① 当地区域排水专业规划；② 相关市政道路的雨、渠制图或排水GIS；③ 项目场地周边道路地形图；④ 建筑总体平面图；⑤ 建筑内一体化管线竣工图；⑥ 雨污水管道竣工图纸及测量资料（包括化粪池位置、进、出水管状况）；⑦ 建筑排水立管测量数据；⑧ 其他有关资料等。

设计单位的现场勘察应包括以下内容：① 改造区域的交通、排水管道；② 建筑阳台污水混合情况；③ 排水管道的水位、淤积、水流量；④ 沿街的食肆、排水管及隔油池设置。

建设单位应从物业、居民、商户等相关人员处了解情况并记录汇总，掌握工程中存在的排水问题，包括：① 雨天积水情况及积水的具体位置；② 污水溢流情况及溢流的具体位置；③ 建筑内部污水倒灌。

2）混接点调查

对于分流制小区，应进行雨污混接改造。混接方式主要有：① 私人连接建筑内的污水和废水进入雨水管道；② 将阳台废水，即洗衣机废水或洗脸盆废水混入雨水立管，最后排入雨水管道；③ 社区公共卫生设施排放的污水进入雨水管；④ 小区雨水、污水管道混接。

在进行混合接点位置勘察前，应对现有排水管网数据进行分析，提出一种有效的混合接点调查方法，关键是对存在雨污混合现象的区域进行预测。

建议采用现场开井调查与仪器勘探相结合的方法对混合接触点的位置进行勘探，查明混合接触点的位置和情况，并根据混接点调查表填写记录表，作为进一步调查的依据。

2. 管道疏通清淤和检测

管道疏通清淤和检测的主要目的是发现管道的结构性和功能性缺陷以及是否存在雨污混接点，来确定是否需要对管道进行修复和翻排。

排水管道疏通可采用射水疏通、绞车疏通、推杆疏通、转杆疏通、水力疏通等方式。应对雨、污水管道进行检测，可采用电视检测、声呐检测、量泥斗检测、潜水检查、反光镜检查、水力坡降检查、染色检查和烟雾检查等方式。具体方法及其适用范围可参照现行行业标准《城镇排水管渠与泵站运行、维护及安全技术规程》(CJJ 68—2016)。

3. 管线测量

在雨污混接改造的物探工作中，应对雨污水管道进行测量，并在施工范围内进行物探，掌握电力、电话、光纤通信、有线电视电缆、燃气管道、水管、智能管道等管道的走向，防止挖损。

雨污管道的测量应符合以下规定：① 打开每口雨污水检测井，在图纸上清楚标明管道走向和所有雨污水检测井的位置，并提供每口井进出管的底部标高、管径和地面标高的测量信息表；② 标明雨水口位置及连接雨水口支管走向；③ 标明小区内雨污水管道与市政管道的接口位置、管底标高及走向，确定小区内污水管道末端是否建有符合当地规定的专用排水检测井；④ 标明每个门洞污水检查井出墙管的直径和数量；⑤ 如果小区内有化粪池，应标明化粪池的具体位置和进出管的直径、标高、走向；⑥ 如建筑物周围有雨水明沟，应标明各建筑物雨水明沟的出水口的位置和标高；⑦ 每栋建筑(包括临街商铺)排水立管的数量和等级应分类标示，立管分为雨水落水管(到屋顶的立管)、厨房污水管、阳台污水管、卫生间污水管和与阳台污水或其他生活污水相连的雨水落水管；⑧ 测绘小区雨污水最终外排至市政道路上的雨污水管道接纳点的管径、标高和走向；⑨ 注明管道材质（包括出墙管、雨水连接支管、雨污水干管）。

其他测量内容还应包括门牌号码、建筑物内部结构和屋内各个功能区间的分布、建筑的沉降、道路、埋设管道范围内的地面和相邻绿地的标高等。

2.1.2　市政雨污改造设计方案

1. 设计方案要点

对于市政道路下的排水管网建设，应按照相关的排水管网规划或现有的排水管道进行雨水和污染的分流系统改造。具体改造方案要点如下：

（1）如果现有道路符合道路规划，并且当前道路下的排水网络也符合排水规划，设计范围内具有现有道路的区域是否保留现状，可根据现有雨污水管道是否老化、是否具备排水能力等因素来决定。如果存在雨污混接的问题，则需要对现有道路排水管网进行改造。

（2）对于设计范围内具有现有道路的区域，如果现有道路下的污水管道直径太小则不符合排水要求。

（3）对于设计范围内已有道路的地区，若在现有道路上未修建排水管道，改造方案可参考相应的排水规划，实施新建雨污水管道的建设。

（4）在设计范围内具有现有道路的区域，如果现有道路不符合道路规划，并且在现有道路下已修建排水管道，则当前路下的排水管道是否保留，可分为以下三种情况：① 如果在现有道路下已修建排水管，则应新建污水管，并将现有的排水管作为雨水管，同时应在道路周围新建污水支管，将周边住户和企业的生产生活污水接入新的污水管道；② 如果在现有道路下已建两条排水管，周围雨水量较大，则新建一条污水管，将现有的两条排水管作为雨水管，同时在周围住户、企业周围新建一条污水支管，将生产、生活污水接入新的污水管；③ 如果在现有道路下已建两条排水管，两条排水管分别接收雨水和污水，则应保留现有的排水管，同时在道路周围新建一条污水支管，将周围住户和企业的生产生活污水接至新的污水管道。

(5) 在设计范围内设有临时道路，其下未建污水管道的区域，有必要根据临时道路周围住户的需要来决定是否修建污水管道。如果临时道路周围住户较多，人员密集，则应在临时道路下方修建污水管，并在道路周围修建污水支管，将周围住户和企业的生产生活污水接入新的污水管。

2. 设计思路

根据雨污混接改造的要点，雨污混接改造思路如图 2-1 所示。

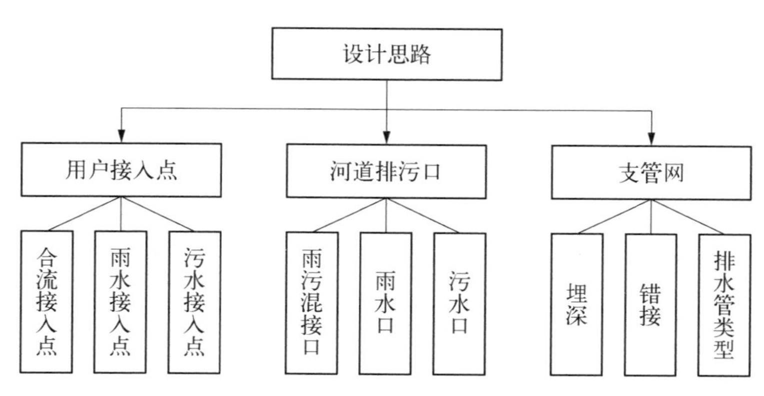

图 2-1　雨污混接改造设计思路

来源：作者绘制

1) 用户接入点设计思路

对于市政污水管网周边用户接入点设计，设计的主要依据是雨污分流，即从源头开始进行雨污分流改造，纠正错接漏接问题，具体思路参照住宅小区雨污混接改造设计方案。

2）沿河河道排污口设计思路

对于河道排放口设计，设计的主要依据是进行雨污分流的同时阻断污水排入沿河河道，将雨水引流至沿河河道，主要设计思路如图2-2所示。

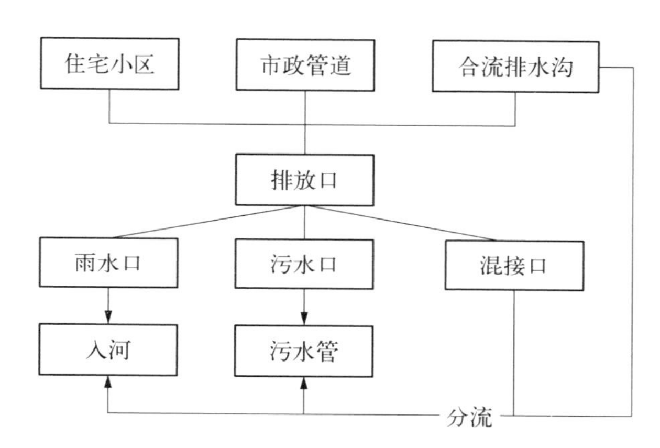

图2-2　沿河河道排污口设计思路

来源：作者绘制

3）支管网设计思路

以改造老旧小区问题为导向，找准雨污混接的来源，针对性地提出解决措施实现雨污分流，具体设计思路如下。

(1) 根据用水定额，结合居住区用水人数预测区内用水量及污水量。

(2) 从居住区建筑单体开始进行雨污分流改造，真正实现正本清源，从源头开始进行改造，把建筑单体原有合流立管保留，作为污水立管，新建雨水立管容纳屋面雨水。

(3) 根据居住区实际情况，在改造空间充足的居住区内，对现状合流管道改造有以下两种设计思路。

① 新建污水管道：若现状合流管道埋深不能满足排水要求，则新建污水管道，将现状合流排水管作为雨水管道使用，适当地新建雨水口并接至现状合流管道，新建污水管道尽量遵循布置在道路下或绿化带内的原则。

② 新建雨、污水管道：若合流管道因标高、腐蚀等问题不具备保留条件，则废弃现状雨污合流管道，在居住区内道路上或者绿化带内新建完整的雨、污水管道。

(4) 合流立管改造保留建筑单体合流立管，将它作为污水立管使用，并截断现状合流立管，在顶部设置一个伸顶通气帽，保证居民正常生活不受影响，新建雨水立管容纳屋面雨水，最终排入雨水检查井。

(5) 在进行雨水和污染分流重建的同时，积极与当地社区沟通和合作，避免重复建设，结合其他重建项目，尽量减少项目建设对当地居民的不利影响。

(6) 在项目实施过程中，由建设单位牵头组织当地社区领导召开会议协商，宣传项目建设对居民的影响及解决方案。然后由社区领导与当地居民进行沟通，尽可能获得当地居民的理解和支持，争取大大缩短工期。

2.1.3 住宅小区雨污混接改造设计方案

1. 全面雨污混接改造

对于位于规划分流制地区的合流制小区，以及建设年份较早、管道破损或雨污混接情况严重(区域混接程度大于等于 3 级)的分流制小区，应进行全面雨污分流改造。

合流制小区全面雨污分流改造中，原有合流管道可保留利用，并应符合下列规定：① 对管道进行排水能力评估和检测，对于排水能力满足要求且结构性缺陷优于中等的(缺陷等级小于等于 2 级)的管道，宜尽量保留。管道结构性缺陷等级的评估标准可参考现行上海市地方标准《排水管道电视和声呐检测评估技术规程》(DB31/T 444—2022)的规定；② 对于保留利用的合流管道应按需要进行清通和修复；③ 原有合流管宜作为雨水管使用。

小区内排水管道的布置应根据小区周边市政排水管道的布置、小区地形的标高、排水流向，并尽可能采用短管、小埋深、自泄的原则。当排水管不能通过重力自流排入市政排水管时，应设置排水泵房。小区新雨水系统的排水能力可根据路面缺水情况进行检查。新建雨水管标高应根据小区地面标高和市政雨水管标高合理确定。

住宅污水管道与市政污水管道连接前，应设置格栅检查井。格栅检查井的位置应避免影响居民生活，便于疏浚和维护。

如果居民或业主未经许可将厨房或厕所的污水连接到雨水排水系统，应查明连接原因并采取相应措施。社区内商铺餐饮废水在接入污水管网前，应设置油水分离设施，并单独铺设污水管道进行收集。

社区内的道路雨水出口应与新建的雨水管道相连。当路边设有草沟或凹形绿地时，可将道路雨水出口改建为绿地。当居住区在雨天有积水时，应通过提高雨水管道的排水能力、调整道路垂直度、优化排水面积或设置低影响开发设施，结合分流雨水和污染等措施，改善居住区的排水条件。如需扩大雨水管直径，应综合考虑市政道路雨水管的界面条件和区域排水规划的要求后确定。

2. 局部混接点改造

对于接入市政分流制排水系统，且存在雨污混接的分流制小区，应进行局部混接点改造。污水与雨水混接处应进行永久性封堵、截断，将污水排至污水管道，并校核下游管段的排水能力。当雨、污水管道有结构性缺陷严重(缺陷等级大于等于3级)的，应组织修复或铺设新的管道，保障排水安全，恢复管道功能，防止污水外渗或地下水渗入。实施局部混接点改造的住宅小区还应根据实际情况，执行全面雨污分流改造的要求。

3. 阳台废水混接改造

当阳台与屋面雨落水管共用立管，且存在雨污混接时，其改造可采用下列方法。

新建屋面雨落水管，原雨落水管改为阳台废水管，并应符合下列规定：① 与屋面天沟的连接，可采用新建屋面雨水斗，或将原雨落水管切断，将新建雨落水管与原屋面雨水斗连接；② 新建雨落水管的管径大于等于原雨落水管，并应间接排水；③ 改造后的废水立管顶端应设置伸顶通气管，通气管的设置应符合现行国家标准《建筑给水排水设计标准》(GB 50015—2019)的要求；如果废水横管没有设置存水弯的废水排出管，应先接入水封井，再排入室外污水管道，如图 2－3 所示。

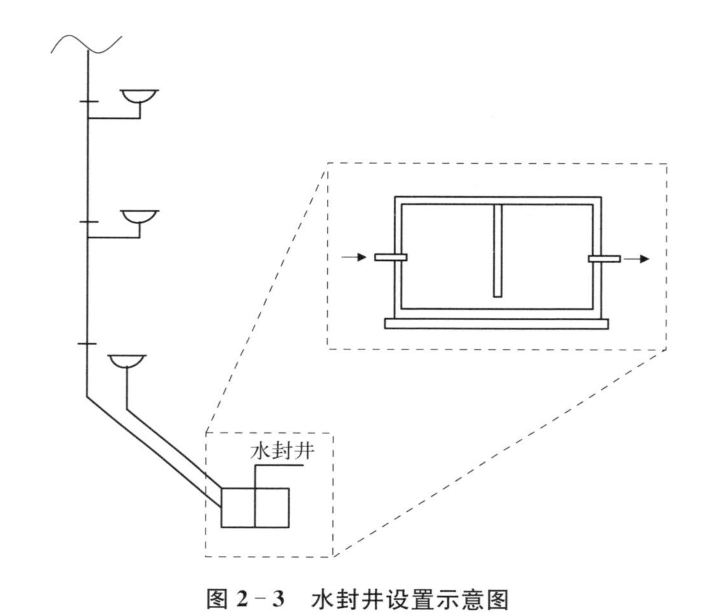

图 2－3　水封井设置示意图

来源：作者根据《上海市住宅小区雨污混接改造技术导则》绘制

新建废水立管，将混接的阳台废水分别经带存水弯的横支管接入新建废水立管，如图 2－4 所示；废水立管顶端应设置伸顶通气管，通气管的设置应满足现行国家标准《建筑给水排水设计标准》(GB 50015—2019)的规定；原雨落水管上的废水接入管管口应封堵。

4. 末端截流

自排地区如采取末端截流，应通过设置溢流堰、拍门等措施防止河水倒灌到污水管道，根据受纳水体最高水位和小区地势、与受纳水体距离等

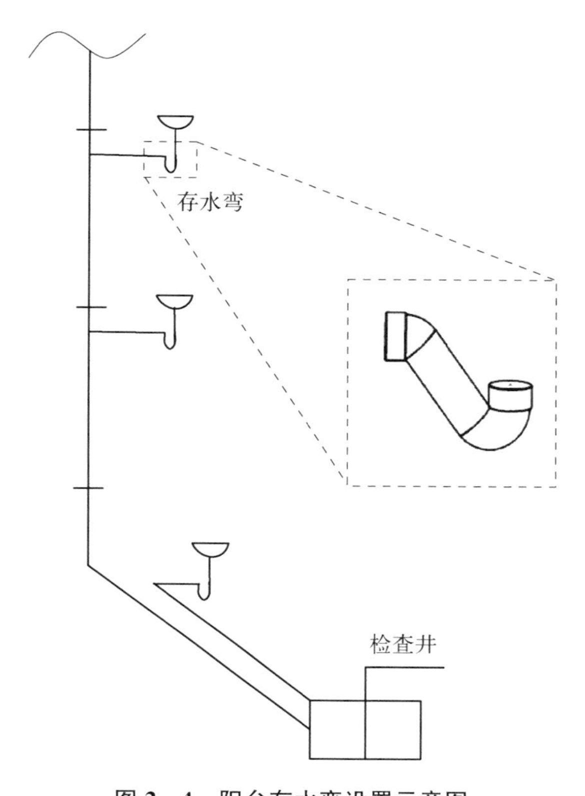

图 2－4　阳台存水弯设置示意图

来源：作者根据《上海市住宅小区雨污混接改造技术导则》绘制

因素确定溢流堰标高，并应确保小区排水安全；应优先采用泵截流的方式向管道直接排入水体。

对于雨水排入市政管道的小区，在小区雨水管道接户井前，应设具备自控截污装置的截流井，且在与市政污水系统连接的污水截流管末端设置拍门、鸭嘴阀等防回流装置。

小区末端污水截流井设置地点应根据雨、污水管道位置和标高、周围地形等因素综合考虑。污水截流管管内底高程应综合考虑接纳截流污水的污水管道管内底高程、溢流管管内底高程、合流管管内底高程设计。截流井设计应符合现行国家《室外排水设计标准》(GB 50014—2019)和现行行业标准《合流制排水系统截流设施技术规程》(T/CECS 91—2021)等的规定。

2.1.4 技术方案报批

1. 建设主体上报技术方案

建设主体根据雨污混接改造项目施工管理方案，将编制依据及工程概况、项目联系人、设计方案、工程特点重点难点分析及针对性措施、管道施工(包括施工工艺、测量放样、管道铺设、施工进度计划、质量保证体系、安全保证体系和措施、文明施工保证措施)等内容向区生态局供排水处上报。

2. 区生态局供排水处审批并下发技术方案批复

在建设主体上报技术方案后，区生态局供排水处审批并下发技术方案批复，主要对以下方面的批复：项目必要性(包括项目背景、宏观战略需求分析、社会需求和市场需求分析、项目建设的作用及意义)、工程范围及内容、污水和雨水系统的设计标准、工程方案、工程量、管材选用等。

2.2 项目总投资及其报批

2.2.1 建设单位上报总投资

1. 项目建设总投资

雨污混接改造项目总投资是指为完成工程项目建设，在建设期(预计或实际)投入的全部费用总和。雨污分流改造项目属于生产性建设项目，总投资包括固定资产投资。固定资产投资包括建设投资，建设投资包含工程费用、工程建设其他费用和预备费，工程费用包括设备购置费、安装工程费，工程其他费用包括项目实施费用、其他有关费用，项目实施费用包括设计费、生产准备、职工培训，预备费包括基本预备费、涨价预备费。

工程总投资文件编制需要包含以下内容：① 工程范围，本估算费用包括设计图纸范围内的雨水、污水等工程；② 编制依据，包括本工程设计图纸及说明——《市政工程可行性研究投资估算编制办法》（建标〔2007〕164 号）；估算定额依据所在省份的住房和城乡建设厅发布的《建设工程费用定额》和《市政工程预算定额》；材料价格，按价格信息和市场询价计算；参考类似工程的技术经济指标；③ 其他：工程建设其他费用，包括场地准备及建设单位临时设施费、建设单位管理费、工程监理与相关服务费、项目前期工作咨询费、勘察设计费、施工图预算编制费、竣工图编制费、施工图审查费、工程招标费、环境影响咨询服务费、工程保险费；④ 基本预备费。

2. 工程总投资上报工作

雨污混接改造工程投资额应按照依据规范填报，填报依据在整个项目上报期间应保持一致，可以选择以下两种方式之一填报：

（1）工程结算单或进度单；工程结算单或进度单须由工程三方（建设方、施工方、监理方）签字盖章，单方或双方出具的进度单不作为填报依据。

（2）会计科目或支付凭证。

2.2.2　发改委下发总投资批复

1. 文件依据

根据水务局《关于雨污混接改造工程技术方案的批复》，明确改造范围和主要建设内容，建设内容包括敷设雨污水管道，同步实施雨污水出户井、检查井等附属设施，相应实施道路、绿化修复等工程。

2. 批复金额及资金安排

根据批准的工程方案，核实项目总投资金额，其中包括建安费、其他费、预备费等，所需资金由当地财力安排。

3. 下步工作计划

在下阶段工作中，严格按照批准的工程总投资进行控制，进一步优化完善工程设计及具体施工方案，以有效节约投资，降低工程造价。

2.3 招标采购工作

招标采购是社会经济中最主要的采购方式，普遍应用于雨污混接改造项目，通过采用公开招标方式开展的采购活动，对提高雨污混接改造项目的经济效益，确保质量以及维护国家、社会和招标投标当事人的合法权益发挥了重大作用。雨污混接改造项目招标工作主要包括设计、勘察、施工、监理四大招标内容。招标采购活动大致分为招标策划、招标文件编制、招标公告发布、开标、评标、定标、合同签订。对招标活动进行事先的计划和准备就是招标策划。招标策划的内容包括落实开展招标采购活动的条件、调研潜在供方市场、分析招标项目的标包划分及采购要求、编制招标进度计划、研究以往采购经验、编制评标办法等。

2.3.1 招标策划

1. 落实开展招标采购活动的条件

履行项目审批手续和落实资金来源是招标项目进行招标前必须具备的两项基本条件，满足建设行政管理部门的立项、招标采购的审核审批等，也是开展招标活动的重要前提。

2. 调研潜在供方市场

潜在供货市场调研是了解有能力且有意愿参与招标采购项目的潜在投标人的竞争状况，包括潜在投标人的数量、规模实力、人员资质、技术装备、供货业绩等。

潜在投标人的数量是确保招标采购活动顺利进行并产生投标竞争的

前提条件。《中华人民共和国招标投标法》第二十八条规定，投标人少于3个的，招标人应当依法重新招标；《中华人民共和国招标投标法实施条例》第十九条规定，通过资格预审的申请人少于3个的，招标人应当重新招标。潜在投标人数量不足，不仅容易造成招标失败，也容易由于竞争不充分而导致投标价格过高。

通过对潜在投标人规模实力、人员资质、技术装备、供货业绩等信息进行收集并对比分析，预判潜在投标人的技术方案优劣、供货能力高低、投标报价策略科学与否等，可以为确定采购项目的标段划分或组包、采购要求、评标办法（合格投标人须具备的条件、详细评审方法的选择及评分细则的确定等）等提供可靠充分的依据。

3. 分析招标项目的标包划分及采购要求

标包划分对潜在投标人参与投标竞争的意愿、投标报价、招标成本等有重要影响。雨污混接改造项目划分的标段数越多，业主招标成本越高，管理难度增大；参加的承包商越多，投标报价越接近成本，由于规模效益较差，其资源配置效益越差，成本也越高；由于各标段互相间的制约越大，工程实施过程中向业主索赔的费用也越高。雨污混接改造项目随着标段数的减少，采购成本及交易会随之降低，工程总成本也会降低；承包商获得的合同标的额将会越大，也更会引起承包商领导重视并在资源配置等方面加强配合，有助于降低生产成本，保证工程项目的顺利实施。

4. 编制招标进度计划

招标采购仅是雨污混接改造项目工作中一个环节，其进度计划必须满足整个改造项目的需要。招标采购进度计划以招标策划作为起始时间、以合同签订作为终止时间，进度计划时间的确定以招标采购项目的供货时间为基准，并考虑招标采购活动可能出现的风险而预留出一定的富余。

招标投标法律法规对招标活动的时间有明确的规定，包括资格预审文件和招标文件的发售期不能少于5日，依法必须招标项目提交资格预审申请文件的截止时间自资格预审文件停止发售之日起不得少于5日，依法必须招标项目提交投标文件的截止时间自招标文件开始发售之日起不得少于20日，澄清或修改的内容可能影响资格预审申请文件或投标文件编制的应在提交资格预审申请文件截止时间至少3日前或投标截止时间前15日发出，招标人收到评标报告3日内公示中标候选人且公示期不得少于3日，招标人最迟应当在书面合同签订后5日内向中标人和未中标的投标人退还投标保证金及银行同期存款利息。编制进度计划时，施工招标、监理招标前置条件包括设计、勘察单位确定且合同信息报送完成，计划编制不仅须符合实际操作逻辑关系，且务必以法律规定的时间为准，避免因此导致违法违规。

5. 研究以往采购经验

采购经验一般包括以往招标采购活动所采用的招标方案、参与竞争的投标人、各投标人的报价及投标方案的特点、开评标活动是否有拒收以及否决投标等情况发生、合同签订后执行情况及其他投标人在类似项目的执行情况（如有）等。

研究采购经验，能够了解以往采购活动的过程，以及对所发生问题从原因分析、过程影响、避免的建议措施等方面进行详细论述，从而对本次招标采购具有有效的示范作用，是避免相同或类似问题重复发生的有效手段。如果招标策划活动是招标采购的开始并对其将要发生的过程进行预知预测，那么采购经验反馈就是招标采购的结束并对其已发生的过程进行总结和经验分享。采购经验反馈以实际案例的形式为招标策划提供经验分享，是潜在供货市场调研的基础，并对后续招标过程提供指导。

根据以往采购经验，在雨污分流改造的招标阶段，需要注意以下问题。施工图设计完成后，进行工程量清单和最高投标限价编制，工程招标一般采用工程量清单招标，施工图深度具备后由业主委托专业造价咨询单位进行编制。清单编制土建工程要特别重视土石方开挖、换填、道路绿化恢复、管网废除等分部分项工程的计量计价；由于改造区域极有可能存在正常生产，施工与生产交杂的情况，施工难度提高，地下管网地下设施不明且情况复杂，因此提高暂列金比例作为不确定项目的费用。清单编制安装工程要重点关注不锈钢管、泵及附属电气设备等关键设备，要明确品牌和参数。施工招标文件编制时要特别注意对工期、企业资质、案例、人员配置的要求，明示改造区域的一些特殊情况，如存在只能人工开挖、场地狭窄、作业面小、无原始资料、地下管网复杂、安全风险大、正常生产与工程施工交叉、图纸和工程量清单并不能完全表达清楚等情况。投标单位要有充分认识，雨污混接改造项目不同于常规新建项目，施工组织要复杂得多，约束条件复杂得多。合约上要明确约定人员、资源配置、进度付款、试运行、保修期等内容。

6. 编制评标办法

根据项目情况及采购需求，由招标代理单位负责编制招标文件，其中评标办法为招标文件的重要组成部分，是招标人在遵守招标投标法律法规的前提下，根据招标采购项目的特点编制的用于评标委员会评价投标人提交的投标文件的规则、方法和程序。评标办法要明确评标工作内容、初步评审的标准、详细评审所采用的方法(经评审的最低投标价法、综合评估法或法律、行政法规规定的其他评标方法)。

评标办法对投标文件澄清、低于成本价竞标的认定、否决投标的情形、初步评审办法、详细评审细则、中标候选人的推荐等规定要合规合法。

评标办法对初步评审办法、详细评审方法及细则的规定要契合招标项目的特点，评标办法的内容要细致完善，要充分考虑评标过程可能发生的情况及投标文件可能响应招标文件的状况。例如，投标报价金额大小写不一致的处理办法、实质性偏离的认定、备选方案的评审规定、采用综合评估法评分相同情况下排序的规定、划分有多个单项合同的招标项目的授标规定等，均要在评分办法中进行规定，以便评标委员会针对发生的情况依据规定进行处理。

7. 招标策划的方法

落实招标采购活动的条件，可以采用分析对比的方法。通过对照核准的项目报告，可以确定招标方式、招标范围、组织形式等；通过查阅公司相关管理规定，确定拟招标的项目是否履行公司规定的审批手续。

调研潜在供货市场，可以采用实地调研，到已知的具备供货能力的潜在投标人处进行技术交流，对技术装备、人员资质、供货业绩等做实地了解；也可以通过网络搜索或电话咨询，了解潜在投标人的情况及其他公司、组织或人员对其的评价。

分析采购项目组包及采购要求，可以采用对比分析、档案资料研究等方法。分析本次招标采购项目的采购要求与以往同类项目的异同；结合供货市场调研，研究以往反馈的采购经验及采购的其他资料，确定招标项目的合理规模，提出合理的采购要求。

招标进度计划编制，可以采用对比分析的方法，按照项目实施进度，以到货时间为基准，考虑招标采购活动可能出现的风险并预留出一定的富余。评标办法编制，可以采用对比分析和档案资料研究相结合的方法。

2.3.2 编制招标文件及发布招标公告

1. 招标文件编制

招标文件的组成内容包括招标公告或投标邀请书、投标人须知（包括密封、签署、盖章要求等）、评标办法、合同条款及格式、工程量清单、图纸、最高投标限价、技术标准和要求、投标文件格式、其他资料以及省级以上财政部门规定的其他事项。

2. 招标公告发布

根据项目方案文件和招标文件，制订招标公告，确定招标方式、资格条件、评标办法等内容，通过媒体或网络发布招标公告，邀请符合条件的投标人参与投标。招标公告应包括工程名称、地点、概况、招标范围、资金来源、投标要求、报名方式、开标时间地点等内容，并注明招标人、招标代理机构的联系方式。招标公告应在规定时间内在指定媒介上发布，并保证信息的真实性和完整性。

3. 投标准备

投标人自主使用企业法人一证通登录电子交易平台进行网上报名，资质经系统自动比对通过即可报名成功。根据招标文件和现场勘察资料，制订投标方案，包括技术方案、商务方案、法律方案等内容，编制投标书，并按照要求进行电子签章。技术方案应包括工程设计图纸、施工组织设计、质量控制计划等内容，并符合技术规范和要求。商务方案应包括报价清单、付款方式、保修期限等内容，并符合商务规范和要求。法律方案应包括合同条款草案、争议解决方式等内容，并符合法律规范和要求。投标书应包含所有必要的信息和材料，并按照格式要求进行上传。

4. 开标

在规定时间，招标人及招标代理机构组织线上远程开标会议，由系统接收投标人上传的投标文件，经投标人解密成功即为符合条件接收的投标文件。开标结束后将开标记录表线上展示给各个投标人，如投标人有异议将在规定时间内线上提出，并由招标人线上回复。

2.3.3　评标及定标

由评标委员会对投标文件进行评审，根据评分或排序方法确定中标候选人，并形成评标报告。评标委员会应由招标人代表（如有）和随机抽取的专家组成，并经评标委员会推选评标组长及秘书长。评审投标文件应按照评标办法对各个方案进行评审，并根据评标结果确定中标候选人名单，由评标秘书长撰写评标报告，并说明评标方法、过程和结果，并由评标委员会全体成员签字。招标人收到评标报告3日内进行中标候选人公示，公示期为3天。公示结束即由招标人根据招标文件的规定，确定排名第一的中标候选人为确定中标人，并向中标人发出中标通知书。

2.3.4 合同签订

中标人在收到中标通知书后，与招标人签订工程合同，并按照合同要求履行相关义务。

整个建设过程涉及的合同非常多，可涉及稳评编制合同、勘察合同、设计合同、招标代理合同、工程造价咨询合同、监理合同、施工合同、施工图审查合同以及各种补偿协议。需要特别注意改造过程中道路拓宽，树木移植，通信光交箱、路口监控杆、公交站牌、路名牌等的移位路侧智能停车感应设备的拆除，人行道改造，共享单车充电桩的拆除等，这些工作需要与市园林中心，电信、移动、联通公司，公交公司，区城管等各部门提前交接，办好相应的审批手续，签好赔偿协议，做到开工时马上可以拆除或者移位，从而不影响开工后的进度。

2.4 报监工作

报监是指由建设方携带报监相关证件资料（如参建方资质等）向当地质量安全监督部门登记备案，以便得到监督员对工程施工全过程的督导监管。

按照要求，检查工程参建单位的主体行为是工程质量监督的主要内容之一，建设单位在报监时配合质量安全监督部门进行必要的登记，填写相关表格。根据建设单位提供的相关手续检查建设项目立项、规划、招标手续是否齐全，核查各参建单位的资格资质，人员持证上岗情况。在今后的质监过程质量安全监督部门将对照这些登记表检查参建单位主体行为。

建设单位报监程序包括：建设单位携监督申报表格及工程相关资料，到质量安全监督部门办理工程质量监督手续。经质量安全监督部门审查符合要求后，所有表格将返还一份给建设单位，签发《建设工程质量监督通知书》，报监结束。

第3章

项目实施阶段管理

【本章导读】 城市雨污混接改造工程作为市政工程的重要组成部分，承担着提升城市生态环境、减少城市内涝灾害的关键责任，对促进城市可持续发展、提升市民生活质量与幸福感具有重大意义，其在建设过程中具有工程规模大、施工线路长、施工环境复杂等特点。首先，雨污混接改造工程质量会对雨污系统的平稳运行产生直接影响，因此各相关主体应提高质量管理意识、严格把控材料设备质量、加强施工质量管理、提升工程监管力度，确保工程质量合规达标。其次，为保证雨污混接改造工程的顺利实施，应强化施工现场安全管理，针对性地消除各类安全隐患。最后，由于雨污混接改造工程易对周边居民生活和交通造成影响，应在保证施工安全、质量的基础上，抢抓工程建设进度，最大限度减少施工影响。本章将对城市雨污混接改造工程在实施阶段的项目管理措施进行探讨，主要内容包括：

（1）主要材料及设备质量管理；

（2）现场施工质量管理；

（3）安全管理；

（4）进度管理；

（5）竣工验收与移交管理。

3.1　主要材料及设备质量管理

在给排水工程中，原材料的质量缺陷是影响其功能正常运转的主要原因。在项目实施阶段，主要材料与设备的质量管理工作应着眼于事中与事后，主要从以下三个环节对工程材料及设备的质量进行控制。

1. 材料及设备采购环节

对材料及设备的采购环节加以重视是从源头保证材料质量的有力举措。在进行雨污混接改造工程的材料及设备选购时，建设单位或施工单位首先应从经当地相关行政主管部门备案公示的材料及设备供应商目录中进行选择。以工程材料为例，根据《上海市建设工程材料使用监督管理规定》，针对纳入备案管理的相关建设工程材料，其对应的供应商应当办理上海市建设工程材料备案证，未经备案的建材供应商不得为上海市工程建设提供材料。同时，建设单位或施工单位还应对相关材料及设备供应商进行进一步考察，“避雷”建设工程安全质量监督站公开曝光的抽检建材不合格比例高、建材质量问题严重或控制不严的建设材料生产企业，调研意向供应商的材料或设备生产条件、质量保证措施以及相应的出厂标识，对材料及设备供应商进行精选、严选、优选。另外，为保证材料及设备采购的统一性，在选择工程材料及设备供应商时应尽可能选择能够提供完整所需型号产品的生产单位，避免出现东拼西凑的情况。在选定供应商后，应对工程材料及设备的供应过程进行全程监管，对材料及设备的质量进行严格把控，若发现质量无法达到工程标准的材料及设备，应当以原渠道退回，切勿以次充好。

2. 材料及设备检验环节

根据《给水排水管道工程施工及验收规范》(GB 50268—2008)，给排水工程中所使用的管材、管道附件、构(配)件以及主要原材料在进入施工现场时须通过进场验收环节。在监理单位进行进场验收的过程中，首先应重点检查的项目包括材料及设备的订购合同、报审表、质量证明文件(如质量合格证书、性能检验报告等)、使用说明书等，同时还应查验工程材料的规格型号以及外观是否满足合同所规定的标准，工程建设中所使用的各类阀门、水泵、控制柜等设备在进场前应对其型号、规格、流量等参数按照工程要求进行核对。其次在工程材料进场的复验环节，应进行现场采样，委托具备资质的建材检测单位，依据对应的产品标准进行检测工作，并出具检验报告。如混凝土、砌筑砂浆等需要通过规定龄期再进行检验的原材料应当场进行样品制作并送检，及时关注检测结果。对于验收合格的材料及设备，应及时进行验收信息标注，注明验收时间、验收人等信息。对未通过进场验收的材料及设备，应严格遵守相关的退场手续，全部清出场地，并对新进场的工程材料及设备重新进行进场验收工作。相应的监督机构也应对监理单位在进场验收环节的履职情况与关键环节进行专项检查，共同确保进场材料及设备的质量。

3. 材料及设备仓储使用环节

在工程材料及设备通过进场检验后，应按规定进行储存、入库保管，同时建立材料设备台账，确保工程材料及设备库存质量；为了尽可能避免因报批报验不完善而带来的材料损耗或变质问题，应对入库材料及设备进行科学管理，分门别类、有序堆放，同时做好标识工作，以防出现材料误用等情况。如水泥、钢筋等材料，还应设立专门料库，减少水泥受潮、钢筋锈蚀等情况的发生。同时应安排人员，定期对入库的工程材料及设备进行质量检查，对检查过程中发现的质量不合格的材料及设备，应及时清理出库。另外，建设单位或施工单位应制订合理的工程材料及设备调度方案，以免出现材料及设备积压等情况。

3.2　现场施工质量管理

3.2.1　施工管理规定

1. 一般规定

（1）雨污分流改造工程的室外排水管道、检查井、雨水口等附属构筑物工程施工与验收应符合现行国家标准《给水排水管道工程施工及验收规范》(GB 50268)的有关规定。

（2）雨污分流改造工程的室内排水管道工程施工与验收应符合现行国家标准《建筑给水排水及采暖工程施工质量验收规范》(GB 50242)的有关规定。

（3）室外排水管道工程的土方施工，除应符合本标准规定外，涉及施工降排水、地基处理、基坑(沟槽)开挖、支护与回填等工程，还应符合现行国家标准《给水排水构筑物工程施工及验收规范》(GB 50141)、《给水排水管道工程施工及验收规范》(GB 50268)的有关规定。

（4）道路工程验收应符合现行行业标准《城镇道路工程施工与质量验收规范》(CJJ1)的有关规定。

（5）建设工程施工的全过程应按现行国家标准《建筑工程施工质量验收统一标准》(GB 50300)的有关规定进行质量控制和质量检验，相关各分项工程间应进行交接验收。

（6）工程验收时施工单位应提供竣工图，对照调查问题清单，检查问题点位的整改情况，确保无漏接、错接和混流现象。

2. 具体规定

（1）施工单位施工前应根据设计文件做好场地测量、地勘物探和测绘等工作，并应符合下列规定：

① 应复核设计图纸是否同施工现场一致，发现未知管线和构筑物应报告建设单位处理；

② 向监理单位提交测量复核书面报告，经监理工程师签字批准后，方能作为放线测量、建立施工控制网、线、点的依据；

③ 高程控制测量应做好与上下游市政排水管道、排水沟渠、河湖水系、周边道路竖向的衔接。

（2）施工单位施工前应考虑对工程施工影响范围内的现状管线、设施等进行监测和保护，并应符合下列规定：

① 在管线较为复杂处施工时，宜开挖样槽，进行高精度物探，对现状管线、设施等保护措施应有专项方案，并应经各管线权属单位批准后方可施工，方案内应包含应急措施；

② 实施管线与其他工程管线平行或交叉时，管线之间的最小水平和垂直净距应符合现行国家标准《城市工程管线综合规划规范》（GB 50289）和《室外排水设计标准》（GB 50014）的有关规定；

③ 有限空间作业前，应确认已经通风且气体检测合格，配备有限空间作业的相关劳动防护用品，并应符合《有限空间作业安全指导手册》的相关规定。

（3）立管分流改造施工应符合下列规定：

① 立管布置应在满足使用功能的前提下进行整合，减少占用立面空间，立管喷涂颜色宜与建筑立面颜色协调，提升建筑美观度；

② 应统一规划，按楼栋分布实施，未实施区域应予以特殊说明并留档；

③ 雨污分流改造完成后，应对雨污水立管分别喷绘雨水、污水或 Y、W 字样。

（4）建筑小区新增雨污水管道宜采用开槽施工方式。

（5）对交通繁忙、地下现状管线多、不具备开挖条件的市政主干道，

新增雨污 水管采用顶管、托管等非开挖工程措施，管道修复宜采用紫外光固化、热塑等非开挖修复方式，减小对周边环境和交通等的影响。

（6）废弃管道处置应符合下列规定：

① 场地空间足够，且废弃管道拆除不会对生产、生活活动造成影响，不会对地面景观造成破坏时，废弃管道宜进行拆除，原接口应进行封堵；

② 场地空间狭小，且废弃管道拆除会对生产、生活活动造成影响，会对地面景观造成破坏时，废弃管道应予以保留，并做封堵处理；

③ 对于长度较短、管径较小的废弃管道可直接做封堵处理；

④ 拆除废弃管道后，应避免场地出现跑冒滴漏、路面塌陷等问题。

3.2.2 质量管理总体保证措施

为保证雨污混接改造项目的施工质量，首先应制订总体的质量管理保证措施，主要包括：

（1）质量检查验收方法。实行自检、互检、专检制，特殊工序过程监控与跟班检制，以及分部分项工程验评和隐蔽工程验收制。

（2）施工前技术质量交底和施工中的复核。工程开工前，技术部门对整个工程的技术质量要点的关键问题向施工管理人员、班组长等做一个全面的交底。分部分项工程施工前，由工长向班组成员进行技术质量交底工作。交底工作以书面形式为主，未经交底不得施工。对关键工序和部位，工长要现场确定核实，技术部门进行复核和监督，并及时解决问题。

（3）生产会议和质量会议制度。在生产会议上，除了安排生产计划，还要安排质量工作。定期召开专题质量会议，由施工技术负责人和专职质检人员提出质量动态报告，并研究制订质量工作计划和对策。

（4）专业工程施工人员的技术资质审核。对所有特殊专业工种的管理人员和技术工人的技术等级，必须进行事前审核。经技术培训考核不合格者，不予安排相应工作。所有专业工种管理人员和技术工人均必须提交名单和技术资质材料。

(5) 样板引路的施工方法。对质量要求较高的分项工程，先做样板和试验，经检查确认可行后，再进行大面积施工。对如沥青混凝土路面等项目，应采用样板引路的施工方法。

3.2.3 施工测量

在雨污混接改造的项目实施过程中，因影响因素复杂，应格外重视施工测量的工作质量。施工测量工作的顺利展开能够为项目提供可靠的数据支撑，帮助建设单位或施工单位准确掌握项目现场实际情况，对工程项目质量管理具有重大意义。项目现场的施工测量方法及精度要求，应严格遵守施工技术规范及国家、省市的相关现行规范。在雨污混接改造工程中，施工测量部分的质量控制措施主要包括：

(1) 在开展正式施工工作前，须进行测量控制网的建立工作。测量控制网能够帮助工程施工进行精确定位，同时作为工程的高程控制点。对于雨污混接改造这类改建工程而言，由于测量控制网建立比较困难，一般采用导线控制网。在进行导线控制网建立时，应以施工图纸为基础，按照测绘院提供的导线桩布置控制桩，同时视现场情况进行复核加密工作，导线点的位置选择应以通视条件良好、不受施工工作影响为准则，以方便后续的闭合复测工作。在完成控制点选点工作后，应通过实际测量和对应的计算方法，确定项目施工范围内所有控制点的坐标。在进行测量控制网的复核工作时，应使用全站仪，在保证精度的同时缩短施工测量周期。

(2) 在施工测量工作中，应按照实际需求，补充施工中所需要的中线桩及水准点。

(3) 针对基线、基点及高程点，应采取相应的保护措施，并定期开展复测工作。工程中的各主要控制点应稳固、可靠，可保留至工程结束。施工基线、水准点、测量控制点等应每月进行校核工作。各项目开工前，应再次校核所有的测量控制点，并做好保护工作。

（4）为保证施工测量的精度，在工作中使用的测量仪器必须在使用前必须通过检验，并且在施工过程中定期开展仪器的校验工作。

（5）在施工阶段进行测量放样时，应在道路附近的合适位置设立加密控制点，在加密控制点投入使用前应先开展复测工作，保证闭合误差在规范允许范围内，同时为新设的加密控制点做好保护。

（6）在进行施工测量工作以及各阶段测量放样工作时，应做好测量记录，由专人进行测量数据复核，并经监理工程师核验。

（7）在工程结束之后，还应对施工过程中的所测量的相关数据进行整理，编制测量总平面图。

3.2.4　排水工程

排水工程是雨污混接改造项目的核心工作内容，其施工质量将直接影响雨污混接改造的项目质量和区域排水系统的运行情况。雨污混接改造的排水工程中主要涉及的施工流程包括：管沟支护、管沟开挖、管道基础施工、管道安装铺设、检查井施工、闭水实验、管沟回填等。本节将从上述若干流程对排水工程施工过程中的质量管理进行论述。

1. 管沟支护

管沟支护对整个排水工程的安全性与工程质量具有重大意义。为保证施工过程中管沟的稳定性，有必要制订科学合理的管沟支护方案。具体的管沟支护方案应按照分段、分层原则，遵循“先撑后挖”的施工流程，根据施工现场地质情况及管沟开挖深度进行规划。管沟支护时常用的支护结构包括横列板支护和钢板桩支护，开挖深度小于 3 m 的管沟可采用横列板支护，开挖深度不小于 3 m 且不大于 5 m 的管沟宜采用钢板桩支护。横列板式支护由横列板、竖列板和铁撑柱等构件组成，宜采用标准构件施工，横列板应水平放置，板缝应严密，板头应整齐。相邻竖列板上下两块搭接位置应错开，最下面的竖列板应插至沟槽的槽底。每块竖列板上不应少于 2 支铁撑柱，铁撑柱托木应固定，铁撑柱钢管套筒不得弯曲，铁撑柱应绞紧，两端应水平，每层高度一致。铁撑柱水平间距应取 2～3 m，垂直间距不得大于 1.5 m，头档铁撑柱距离地面应为 0.6～0.8 m。首次挖土至 1.2 m 时，应及时撑好头档撑板，随后挖土与撑板应交替进行。撑板在边坡修整后立即进行，一次撑板刚度宜为 0.6～0.8 m。若遇土层松软或天气恶化，应边挖边撑好撑板。当沟槽深度、宽度或铁撑柱间距加大时应加强支撑。横列板支护安放完成后应使用经纬仪、水准仪、线锤、直尺等测量工具校验轴线位置、横列板水平度、竖列板垂直度等偏差在允许范围内。

钢板桩可选用槽钢、工字钢或定型钢板桩以悬臂、单锚或多层横撑的形式进行支撑，其主要施工步骤包括测量放线、安放围檩支架、插桩初压、桩体压进、安放支撑等。在钢板桩施工前，应对其进行检查、分类、编号并矫正。围檩支架的作用是保证钢板桩垂直打入，在进行围檩支架安放时，围檩与钢板桩间空隙应用木楔抵紧，并在其转角设置专用构件，在围檩横向水平方向还应使用钢管进行支撑。钢板桩在压进前应避开地下管线，压进作业应使用振动锤，并确保钢板桩横平竖直，钢板桩安装后应保证槽边咬口紧密，若不够紧密则应采用木板等材料进行填塞。

2. 管沟开挖

管沟开挖的施工质量直接关系到后续管道施工的工程进度与工程质量。在管沟开挖前应先利用探测仪结合现场勘验，查明地下情况，具体包括土质、地下水位、地下构筑物以及附近的地下建筑。同时对管道进行测量并标定其走向，确保管沟标高符合相关要求，并按相关规范和设计图纸，以现场土质为基准确定管沟边坡比。管沟的深度和宽度应进行严格控制，保证符合要求且留有合适操作空间。在管沟开挖时，应将弃土置于施工作业带旁侧，勿将其堆放于施工作业带上，作业过程中所产生的余土和建筑垃圾应及时运离现场。使用机械进行挖掘工作时应注意控制挖掘深度，为避免超挖应预留一定厚度的底层土，接着改用人工收底，并在此过程中完成管沟整修工作。管沟沟壁应尽量保证光滑，沟底应平整，去除沟内的石头、硬质土块等杂物，曲线段的管沟还应保证其圆滑过渡。如出现超挖情况，则应采用规定材料进行回填夯实，禁止直接使用土壤回填。但若遇岩石或硬质土层，则应于管沟沟底超挖一定厚度，以满足细土回填的深度要求。在开挖过程中，还须于合适位置设置排水沟，以排出渗出水，避免带水作业。

3. 管道基础施工

管道基础主要可分为3类，包括原状地基、砂石基础与混凝土基础。在开展管道基础施工工作前，应先对开挖后的管沟轴线及基底标高等进行测量，清除基底杂物浮土并排干积水，确认无误后方可施工，各类基础施工时均应重复进行检验工作。对原状地基而言，应检验其承载力；混凝土基础须对其强度进行检验；砂石基础则应检查其压实度及质量保证资料。对原状地基及砂石基础而言，应与管道外壁无间隙均匀接触；混凝土基础则应符合“外光内实”的标准，无明显缺陷，并确保各钢筋数量及位置正确。

4. 管道安装铺设

管道的安装铺设工作应在检验管道基础质量达标之后进行。在管道运抵施工现场之前，应由专人对其进行质量复检。在进行管道装卸时，应采用两个支撑吊点进行机械装卸，严禁贯穿管道进行吊装，吊装时应使用柔软坚韧的吊绳或吊带，不应使用钢绳或链条等进行吊装。装卸过程中应注意保护管道，严禁产生撞击摔跌的情况，应特别注意管端的保护，避免出现剐蹭等情况。在进行管道运输时应在车内进行布置，防止管道在运输过程中出现碰撞、震动、移位等现象而造成损坏。在管道进场检验时，应保证其内外表面、端口无破损裂口。管道下管前要进一步清理管沟内建筑垃圾，对管道基础进行清洁，并标定管道中线，复核基础标高。在进行管道安装工作时，应严格按照相关施工工艺及施工方案进行施工，并符合施工验收规范要求。在铺设时应同时进行纠偏操作，避免管道偏差超标。须格外重视管道接口的施工质量，其接口应平直、间隙均匀，灰口密实饱满，不出现开裂空鼓的情况。在进行管道安装施工时，应封堵管道口，以防异物进入管道。安装结束首次进水应在接口施工完成 24 h 后。管道安装施工过程中应及时排干管沟积水，在恶劣天气时严禁进行管道吊装工作。管道安装完毕后应及时进行闭水、打泵、交验、还土等工序，否则应对其继续进行封堵。待管道稳定后，还应进行流水位高程复核工作。

5. 检查井施工

常见的检查井包括成品检查井和混凝土检查井。在进行检查井施工前，应先进行基础面清洁工作，去除杂物泥土等，并排干积水，之后应复核管道稳定性与标高轴线正确性。检查井井底应当保持平整，井身尺寸符合设计要求。在成品井井座与管道连接施工中应注意黏接连接承插口时，胶黏剂不得漏涂；橡胶密封圈的接口，不得漏放胶圈或胶圈放置扭转错位，各种规格的胶圈不得混淆。混凝土检查井应保证其使用的混凝土强度等级符合相应要求，并在现场制作试块进行强度试验，在浇筑完成之后应及时进行养护，养护期间应设集水井和临时排水措施。

6. 闭水试验

在主要工序完成且管道接口砂浆强度达标后，应开展闭水试验。闭水试验应严格按照《给排水管道工程施工及验收规范》进行，污水管道必须进行闭水试验，雨水管道则可不进行闭水试验。在开展闭水试验前，应保证管道及检查井外观质量检验合格，管沟内无杂物积水，全部预留孔已封堵且无渗水现象。闭水试验合格率必须达到 100%，在闭水试验合格后方可进行管沟回填工作。

7. 管沟回填

管沟回填是雨污混接改造项目排水工程施工的最后一个工序，须在前置工序检验合格、签字确认后再进行。在管沟回填前同样应保证沟内无积水、杂物、淤泥等。建设单位或施工单位应严格控制回填土质量，回填土内不得含有水泥块、碎砖、石块或较大的硬质土块，同时应对回填土进行击实试验，测试其最佳含水率及最大干密度，保证回填土含水量与最佳含水率相接近。在进行管沟回填时，应从管沟两侧同时进行回填工作，严禁采用单侧回填的方式而对管道造成较大的侧向作用力。回填时应遵循“均匀对称，分层夯实”的原则，分层厚度与施工过程中的回填高差应符合相关的规范要求。针对检查井四周、管侧及难以机械压实的区域，应利用夯实工具进行人工补夯工作。在进行管沟回填施工过程中，如遇雨天而导致土质不好，应尽量避免继续进行回填工作，若无法避免则应在施工前排干管沟积水，再用符合要求的填料进行回填。管道应与管沟表面贴合密实，如出现管底区域空隙较大的情况，应使用细粒土在空隙区域进行填塞。在管沟回填这一工序中，还需要进行钢板桩起拔工作，钢板桩的起拔应在管沟回填夯实之后开展。拔除时应采用吊车吊起振动锤起拔，通过振动锤扰动土质以破坏钢板桩周围土的黏聚力。在钢板桩拔出之后，应及时对其留下的桩孔进行回填处理，一般使用中砂以挤密法或填入法进行回填。在钢板桩起拔工作中，应遵循“边振动边拔除边回填”的工作要求，减少对邻近建筑物的影响。

3.2.5　路面工程

雨污混接改造项目中的路面工程包括给排水工程施工前的现状道路拆除处理工作以及管道铺设、管沟回填完成之后的道路修复工作。一般来说，雨污混接改造的路面工程中主要涉及的施工流程包括：现况路面及绿化隔离带拆除施工、现况路面铣刨及旧路处治施工、水泥稳定碎石基层铺筑施工、水泥混凝土路面铺筑施工、土工格栅铺设施工、路缘石安砌施工、沥青路面铺筑施工、人行道砖铺装施工等。本节将从上述若干施工工序对路面工程施工过程中的质量管理进行论述。

1. 现况路面及绿化隔离带拆除施工

在进行拆除施工前首先需要在现况路面上进行测量放样，划定拆除施工范围，再对路面结构层和路侧石进行拆除。同时还须对地下管线情况进行勘察摸排，如有埋地管线在施工范围内应人工进行拆除工作以免对管线造成破坏。在拆除工作中，需要严格限定工作范围，注意保护无须拆除的部分，拆除后的建筑垃圾应该及时运出场外。如未能连续完成拆除施工作业，则应对施工区域做好安全保护措施，防止行人误入而引起安全事故。在对施工范围内的污水井或管道进行拆除时，如因井内或管道内的排污物而造成卫生问题，还应及时进行清洁，以免影响到周围居民。

2. 现况路面铣刨及旧路处治施工

路面铣刨工作主要是为了对拆除后的路面进行平整，并对壅包、油包等路面病害部位进行清除。在开展路面铣刨工作前应根据工程量确定所需铣刨机数量，在施工路段的一端按顺序进行铣刨，并尽量一次性完成。在路面铣刨施工过程中，须安排专人观察铣刨效果，发现铣刨深度不对或铣刨不彻底，应及时调整铣刨深度；发现铣刨面不平整、出现深槽，应检查铣刨刀头是否损坏，并及时更换以免影响铣刨效果；保证铣刨机、找平仪下无废料。对于铣刨未到位的局部夹层，根据所需处理面积选择小型工具或风镐凿除。铣刨断面须及时进行清理，铣刨料应及时运出场外。在路面铣刨施工结束后，铣刨端部处须进行切缝处理，保证其立面垂直，路床边缘应整齐、无松动粒料、无啃边松散，底面无软弱层或薄夹层及洒落集料。若路床底面出现局部破损的情况，应进行开挖并用沥青混合料进行填补。

3. 水泥稳定碎石基层铺筑施工

水泥稳定碎石基层铺筑施工在管沟回填之后进行，主要包括路基验收合格、施工放样、摊铺混合料、整平、压实、检测、养护等步骤。水泥稳定层的施工应当在气温8℃以上的非雨天进行。水泥稳定拌和料的质量控制是稳定层施工时的要点之一，所使用的水泥必须检验其合格证和化验单，避免使用不合格产品。水泥稳定拌和料应按设计要求的配比每槽进行过秤，并采用集中机械（间歇式拌和机或连续式拌和机）拌和。现场应有专员对原材料称量工作、拌和料均匀度进行检查，并定时测定石屑含水率，以便及时调整混合料的用水量。在水泥稳定拌和料拌和完成之后，应及时进行铺筑工作，利用摊铺机将拌和料松铺摊平后再用压路机进行碾压，碾压工作应以"先边后中，先慢后快"为准则，施工时应注意效率，在水泥终凝前完成工作。同时应安排专人在碾压时测量完成面标高和平整度、进行基面检修工作。水泥稳定碎石基层的压实厚度及压实度也是施工中质量控制的要点，水泥稳定层应分两层压实到设计标高，并按相关要求开展压实试验，若出现压实度不合格的情况应重新进行压实，最后将试验结果报送监理工程师签字确认。碾压完成后的水泥稳定层表面不应出现压实面起伏及表面隆起、裂缝或松散的情况。在碾压完成后，应及时对稳定层进行养护，养护工作按相关规范进行，期间内禁止机械、车辆通过。若养护期间发生意外致使养护层遭到破坏，应及时进行修整，注意不得使用"贴补法"修整。在稳定层养护完成后须进行验收，检查其密实度、抗压强度及其他各项指标是否合格，验收完成后方可铺筑路面。

4. 水泥混凝土路面铺筑施工

水泥混凝土路面铺筑施工在水泥稳定碎石基层验收合格之后进行，主要包括基底夯实、标高、安装模板、浇筑、抹面层压光、养护等流程。浇筑路面所使用的混凝土应按要求进行试配，测试其坍落度，并对混凝土试块进行强度等级试验，保证符合设计标准。在混凝土摊铺前的洒水工作是影响路面质量的重要步骤，其洒水量应根据施工现场实际情况和当前温度、湿度等因素进行确定，保证基层湿润，若洒水量不足则易导致铺筑完成后的混凝土路面底部出现细小裂隙。在卸料时应根据基层表面与面层基准标高线分段计算卸料数量，以免出现堆料过多或布料较少的情况，为防止混凝土出现离析，卸料高度应不超过规定要求。在进行混凝土摊铺时应采用人工方式，摊铺后用平板式或插入式振动器进行振捣，直至混凝土停止下沉、不再冒出气泡并泛出水泥浆，不宜过振。同时在振捣过程中进行人工找平，随时检查模板是否发生下沉、变形或松动的现象。在振捣完成后均匀撒上一层干拌水泥砂并用木刮杠刮平，待面层灰面吸水后进行抹压工作，保证在面层砂浆终凝前其表层达到密实光洁的效果。抹压一般分 3 遍进行，第 1 遍轻轻抹压直至出浆，第 2 遍抹压在面层砂浆初凝后进行，对表面凹坑砂眼进行填实抹平，不得漏压，第 3 遍抹压在面层砂浆终凝前进行，用力抹压将抹纹压平压光。混凝土路面的胀缝应保证垂直于路中心线，其缝隙宽度一致、缝壁垂直，缝隙内以填缝料进行浇灌、不出现连浆。在混凝土做面完成之后，应及时进行养护，保证混凝土的发育条件、防止产生收缩裂缝，在养护期间应禁止车辆机械行驶。

5. 土工格栅铺设施工

在路面工程中，土工格栅不仅可以增强地基承载力，还可以避免地面出现开裂或塌陷。土工织物应符合设计图纸及相关规范的要求，在储存及铺设土工织物时，应避免其受长时间暴晒而出现性能劣化。若铺设完成后必须间隔较长时间进行下一步工序，其表面应覆土进行保护，土层厚度应不小于规定要求。施工前与施工过程中应及时检查土工织物的质量，若存在折损、刺破、撕裂等现象，应及时进行更换或修补。同时在施工过程中也应加强对土工织物的保护，避免其出现破损，严禁车辆机械在其上行驶。土工格栅施工前须保证砂垫层平整，无突刺、尖角等情况。土工织物在铺设时应与路中心线垂直，处于绷紧状态，保证土工织物平整，避免出现褶皱、扭曲或重叠现象。

6. 路缘石安砌施工

侧石的安装工作应在下层水泥稳定碎石层施工完成后进行，侧石完成后再进行侧石后座混凝土浇筑。路缘石进场前须初步进行外观检查，严禁使用色差严重、开裂缺角、尺寸不合格的产品，可按照《城市道路设计规范》等相关标准进行检验。在安装侧石时应该利用全站仪沿道路进行放线定位和高程控制，防止出现侧石安装不整齐、高度起伏等现象。在侧石安装完成、检验合格后浇筑侧石后座混凝土，在施工过程中应避免混凝土对侧石造成污染，并注意不对侧石造成碰撞。路缘石安装完毕后应用水泥砂浆进行灌缝，灌缝前应对路缘石缝进行清理，去除杂物、土块，并用水湿润，注意灌缝密实、饱满。路缘石安装完成后须及时进行养护，养护期间注意保护、避免碰撞。

7. 沥青路面铺筑施工

沥青路面铺筑施工作为路面工程的最后一步工序，能够展现整个工程的质量，同时基于其时间紧、任务重的特点，沥青路面铺筑施工的质量管理应格外注意。沥青路面的铺筑工作主要可以分为施工前准备、沥青混合料生产运输、铺设、碾压等步骤。在正式施工前，须进行施工现场勘验，检查下层平整度与密实度，对其表面的垃圾、杂物等进行清理，开展测量放线工作、确定路面铺筑方案。摊铺机的排列宽度应根据施工要求合理布置，并通过试验确定沥青路面松铺系数、材料级配、摊铺机振捣行程及速度、压路机碾压次数等相关数据。在沥青混合料生产前应对其原材料进行质量检验，严格控制生产工艺。在出料后进行抽样检验，混合料应均匀、一致，无花白、离析或结块现象，在生产结束后应对使用设备及时进行清洁。在采用自卸车对沥青混合料进行运输时，注意加盖保温篷布，做好防水、防污染工作，在车厢内壁涂抹柴油，检查车后挡板密封情况，运输车辆进场前路段应用彩条布等材质覆盖，以清除车轮粘附的尘土，避免污染沥青路面。在进行沥青铺设时，摊铺机应以匀速行驶，不得随意变速或中途停顿。在对沥青碾压时应使其处于较高温度，因此压路机须遵循“高频、低幅、紧跟、慢压”的要求，即紧跟摊铺机之后以“慢速、高幅、低频”进行碾压。碾压过程一般分为初压、复压、终压这三个阶段，初压阶段主要使沥青混合料平整、稳定，复压阶段使得沥青混合料密实成型，终压阶段则消除复压轮迹，在靠近路缘石处应用小型压路机进行碾压作业，避免路缘石损坏。碾压过程中压路机须平稳行驶，遵循“先起动后起振、先停振后停车”的原则。整个沥青混合料的铺设、压实过程应由专员进行监督，“边摊铺、边碾压、边找补、边检验”，对沥青混合料的厚度、密实度、平整度、温度等数据进行测量。在进行沥青路面的接缝处理时应用压路机反复横向碾压，在不易压实处须以人工进行辅助。沥青路面铺设工程的安全问题须加以格外的重视，保证施工现场配置医务与消防措施。

8. 人行道砖铺装施工

人行道铺装施工主要可分为测量放线、基底找平、道砖铺设、平面及高程检查、灌缝及养护等步骤。该工序应在基层检验合格后进行，在人行道砖铺装施工前，应根据施工要求，沿步道进行测量放线，并打好横向桩与纵向桩，建立方格网。在进行基底找平时，若出现基底不平整的情况应用原材料进行找平，同时对基底表面的杂物、浮灰等进行清洁。道砖铺设是人行道砖铺装施工最关键的质量控制点：首先在基底上所摊铺的砂浆强度与厚度应符合设计要求并进行找平；其次在铺设时应将道砖轻拿平放，避免对其造成损伤，并以橡胶锤敲打至稳定。在道砖铺设完成后，应当及时进行平面及高程检查，保证人行道砖面平整、稳固、美观，若出现不达标情况应立刻返工。在检查验收合格之后，根据施工工艺与相关要求进行灌缝作业，直至砖缝填满。在刚结束铺装工作时应暂时禁止人员在人行道上走动，并以编织袋、草席等覆盖进行保护，待砂浆凝固硬化、砖体与砂浆紧密结合之后，再进行洒水养护。

3.2.6 绿化工程

绿化工程施工的主要对象是乔木、灌木等绿植，因此为在施工过程中保证绿植存活率，达到设计效果，应注意绿化工程的质量管理，实行精益化施工及养护工作。绿化工程主要可分为3大施工工序：场地准备、绿植准备、绿化种植和养护。

1. 场地准备

在场地准备阶段，主要的工作内容包括：控制放线、场地清理、土壤处理、场地平整以及树池砌筑等工作。在进行场地清理前，应首先对规划施工场地内地下管线分布进行确认，其次为防止绿植的生长受到影响，应对场地范围内的垃圾、杂草等进行清理。乔木、灌木、草坪等的垃圾清除范围应根据相关规范确定，如遇水泥块等大件硬质材料，应人工进行凿除破碎。在场地清理完成后，需要进行土壤回填。若地块本身没有土壤或回填土质不符合种植土要求，则应使用有机质丰富、排水性能好的土壤进行回填。回填坡度则应符合设计及规范要求，保证排水顺畅。在土壤回填完成之后还应进行翻地，清除土壤中含有的较大石块、瓦砾等，并进行施肥工作，肥料用量及品种应根据相关规定确认。在进行场地平整时应对土壤表层的较大土块进行破碎，并辅以土壤消毒措施。树池砌筑工作应与路面工程中的人行道砖铺设工作同步，应注意在树池边框进场前检查其外观及质量是否合格，并安装砌筑时进行挂线操作，保证其位置准确方正、标高符合设计要求。

2. 绿植准备

绿植质量是整个绿化工程的重点，所选用绿植除了应符合设计要求的尺寸、规格及品种外，还应保证无病虫害、无机械损伤、长势旺盛、树形规整、根系发达。最好选择在移栽前进行处理的熟苗以保证其适应性强、成活率高。在对乔木进行质量控制时，应保证其树干笔直美观、无虫蛀现象，树冠茂密、树枝分布均匀，根系无严重损伤及肿瘤等病害，带土球的苗木其土球应足够结实、草绳不易松脱；在对灌木进行质量控制时，应保证其主茎分布均匀，根系发育良好，无病虫害，土球结实、草绳不易松脱；在对草苗进行质量控制时，应保证其长势良好，无病斑虫害，无杂草。

3. 绿化种植及养护

绿植应在夜间出圃并立刻运输，遵循“随挖、随运、随种”的原则，从而减少水分损失，帮助伤口愈合、根系再生，小型苗木在运输过程中不宜堆叠过厚。在装卸过程中应轻装轻卸，注意保护土球。对乔木而言，因其体型较大，种植较疏，在种植前应进行放线定位工作，之后则按照常规的“挖穴、填肥、种植、填土”的步骤进行种植。乔木在种植前应疏枝疏叶、护杆束冠，若不慎弄碎土球，则应立刻剪枝、摘叶、剪根。种植时须保证其根部土壤压实，垂直于地面。在填土工作完成后，还应对乔木进行支撑，以防止新栽乔木被大风吹倒，同时帮助其稳定生根。在进行灌木种植时，除“挖穴、填肥、种植、填土”外，还须根据设计要求及相关规定进行修剪和淋水工作。绿化种植应当及时，若因故无法当天完成种植，则应采取临时假植措施，将苗木放入能埋住根系的假植沟内，覆土踩实、浇水遮阴。在种植结束后，还应对场地内的枯枝落叶、草绳泥浆等进行清理与冲洗。在后期的养护过程中，应定期喷药，避免绿植苗木出现病害虫害，在台风季还应对高大树木采取抗倒伏措施，对于枯死苗木应及时补种，补种品种应与原品种一致。

3.2.7 零星工程

雨污混接改造项目除以上施工过程外，还应包括交通工程以及照明工程相关施工内容，交通工程主要施工内容包括在路面工程完成之后，对重新铺设路面的交通标线以及交通标志进行施工；照明工程主要施工内容包括路灯定位、挖沟及电缆敷设、浇筑路灯基础、灯杆与灯具安装、箱变与控制箱安装、接地保护施工等。本节也将从上述若干流程对零星工程施工过程中的质量管理进行论述。

1. 交通标线施工

首先进行清扫路面，确保施工区域干净整洁，对准备喷涂标志、标线的路面应清洗干净，保证表面干净，无松散颗粒、灰尘、沥青或油腻堆积。雨后或清洗完后的路面应长时间干燥或用鼓风吹干透彻后方可施工。接下来进行测量放线，以确定标线的位置和形状。为保证所涂标志、标线美观，严格符合标准规定，涂料涂敷前应以图纸位置打好标准线及大样图，然后进行标线作业，涂刷标线，确保符合图纸和标准规定。为提高标志、标线热熔涂料的黏结力，应严格按试验确定的间隔时间涂敷热塑涂料，所有喷涂的标志、标线外观应光洁、均匀，直线段应顺直，曲线段应平顺均匀。所有标线均应边际清晰，明确切断，并将规定标线以外的标线材料清除干净，保证路面标线简洁平顺，喷涂机械行走应速度均匀，切断时应果断。最后，在完工后进行清理现场，清除施工杂物和废料。施工材料严格按材料的技术要求控制，材料要具备出厂合格证和其他质量证明。材料到达施工材料仓库后立即进行质量检查，合格后方可使用。

2. 交通标志施工

首先进行标志牌或板的制作，确保其符合设计要求和规范所有采购的标志板、标志立柱、杆件必须具备新产品的质量证明书和合格证，并且到达现场的构件包装应完整，不得损坏。施工前应按图纸的设计要求，测量放出标志杆的基础位置及尺寸。按测量放样位置开挖基坑，当开挖将至基底时，留下 15～20 cm 由人工挖除干净，并不得扰动基底土壤。接着进行基础混凝土的浇筑，混凝土垫层浇筑应密实平整。标志杆件的基座将采用现浇混凝土，首先在钢筋加工场加工好基座，然后安装标志牌或板，将其固定在预先准备好的基础上，并进行调校，确保标志牌或板的位置和角度符合要求。随后清扫标志牌或板，确保其表面干净无尘。最后进行现场清理工作，清除施工过程中产生的废料和杂物，使现场整洁。

3. 路灯挖沟及电缆敷设

照明工程施工首先要按照施工图及现场情况，以灯位间距为基准确定路灯安装位置。然后在混凝土路面上测量放样，确定拆除区域后用锯缝机将施工区域的路面结构层与原路面整体铺装层切缝，并用风镐对路面结构层进行拆除施工，同时将路侧石拆除。然后进行管沟开挖。管沟开挖结束经监理工程师验槽合格后，再进入管道基础施工阶段。最后进行电缆埋管施工以及电缆敷设。

4. 浇筑路灯基础

浇筑路灯基础的施工过程通常包括基础设计和准备、模板安装、钢筋加工和布置、混凝土浇筑、表面处理和养护等步骤。首先，在施工前，必须进行基础设计和准备。根据设计要求确定基础的尺寸、深度和形状，并进行土方开挖，确保基坑底部平整。检平地基面层，清除表面泥泞或浮土积水等杂物，摊铺底层素混凝土后用平板振动器振捣并检平。待混凝土垫层有一定强度后，开始钢筋及预埋件安装工序的施工。根据设计要求，对钢筋进行加工、切割、弯曲和焊接，钢筋的加工及质量保证符合要求，并将钢筋骨架按照规定的布置方式放置在基坑中。这样可以提供足够的强度和支撑力。接下来是混凝土浇筑阶段。混凝土应按照设计配比进行搅拌，确保混凝土的质量和强度。由于基础混凝土的厚度不大，因此可一次浇筑完成，施工时，从一端向另一端浇筑，每次一次成形。在浇筑过程中，需要注意均匀分布和充实，避免空洞和孔隙的产生。同时，控制浇筑过程中的水泥浆漏失和随水泥浆漏失而产生的浆液分离现象，以确保浇筑质量。

5. 灯杆灯具安装

首先根据产品说明书安装好灯杆组件，随后将灯杆吊起到基础的上方，并缓慢下降至适当高度。调整灯杆位置，使底座的螺栓孔穿过预埋的地脚螺栓，并将电源电缆穿进灯杆至接线盒处。完成后，放下并扶正灯杆，并将其与底座固定牢固，同时采取防止杆身滚动和倾斜的措施，避免对灯杆表面油漆或喷塑防腐装饰层造成擦伤。在灯杆安装完毕后，根据产品说明书安装好灯臂组件，并将灯臂安装在灯杆上。确保灯杆上的路灯灯臂抱箍紧固，避免松动，并确保装灯方向与道路纵向成 90°，误差不大于 3°。

安装灯具组件的步骤如下：首先根据厂家提供的说明书和组装图，认真核对紧固件、连接件和其他附件；然后根据说明书穿过各分支回路的绝缘电线，并根据组装图进行组装和接线；最后安装各种附件。完成灯具组件的安装后，将灯具安装在灯臂上，并将灯具电源线沿灯臂和灯杆敷设至灯杆内的接线盒处。确保灯具的安装纵向中心线与灯臂纵向中心线一致，灯具的横向水平线与地面平行，紧固后目测无歪斜。同时，在同一街道、公路、广场、桥梁上，路灯的安装高度、仰角和装灯方向应保持一致。应当确保所使用的灯杆、灯臂、灯具和连接件等材料符合产品说明书要求，具备合格证明和质量保证。

6. 箱变、控制箱安装

首先需要进行材料到场的开箱检验。此步骤旨在确保所使用的材料符合要求，并在业主同意后方可进行安装使用。这有助于杜绝使用低质量或不合格材料的情况，确保安装所使用的材料的质量和可靠性。安装过程中，需要注意动触头与静触头的中心线是否一致，确保触头接触紧密。这是为了确保电流传递的稳定性和可靠性。同时，二次回路辅助开关的切换接点动作必须准确，并保持接触可靠，以确保电气系统的正常运行。此外，箱内必须配备充足的照明设备，以提供良好的工作环境。这有助于操作人员进行检修、维护和操作工作时的便利性和安全性。另外，配电柜（箱、盘）的漆层（镀层）必须完整无损伤，固定电器的支架需要刷漆处理，以保护设备表面免受外界环境的腐蚀和损坏。整个过程中应严格执行验收标准和制定的工艺规范，确保每个安装步骤都符合要求。这包括正确的安装位置、连接方式和固定方式等。

7. 地极(接地保护)施工

应严格按照建筑电气施工规范要求，安装接地保护措施，工作零线和保护零线必须严格分开使用，避免混用。所有配电箱的 PE 线(保护地线)必须垂直接地，并且其接地电阻不能大于 4 Ω。应当进行现场检查和抽样测试，以确保接地系统的质量。对于接地电阻的测试，使用适当的测试仪器进行测量，并要求测试结果达到规定的要求。首先，所有电气设备和管线金属外壳必须可靠接地，并通过测试以确保达到规定的要求。如果测试结果超过标准要求，需要按要求进行返工，直到达到标准要求为止。其次，接地极和接地扁钢选用热镀锌钢材，并且规定埋深不得小于 0.7 m。接地母线和接地极之间的焊接处需要进行防腐处理，以保证接地系统的长期稳定性和可靠性。最后，对于灯杆内的接地线，使用 16 mm^2 的线材进行连接。接地线采用铜线鼻子与灯杆接线端子连接，确保接地线的质量和可靠性。

3.3 安全管理

3.3.1 安全管理体系

在整个雨污混接改造工程项目中，所制订的安全管理目标应为杜绝重大安全事故，控制轻伤频率在 0.1%以下，并保证项目施工符合安全文明施工的有关规定。

在安全管理组织机构建立方面，应成立安全生产领导小组，小组由总承包单位项目经理、各部门负责人、专职安全生产管理人员和分包单位现场负责人组成。组内需要定期召开会议,研究解决项目安全问题。此外应设置独立的安全生产监督管理部门,并按照相关规定配备充足的专职安全生产管理人员。

在安全责任分工方面,项目经理负责总体的安全生产工作,各岗位人员负责具体分管业务的安全生产工作。工程项目部需要根据实际情况,对安全生产保障要素进行分配,使其得以落实到各部门或个人。项目安全施工负责人一般包括安全负责人、技术负责人、生产调度负责人、机械管理负责人、消防管理负责人、劳务管理负责人以及其他有关部门。其中,安全负责人负责监督施工全过程的安全生产,纠正任何违规行为;协调相关部门,排除任何可能存在的安全障碍;开展全员安全活动和安全教育,预防事故发生;配合调查组对重大安全事故进行调查和处理,以确保类似事件不再发生。技术负责人负责制订项目安全技术措施和分项安全方案,确保施工安全;负责安全技术交底,确保施工人员了解和遵守相关的安全规定;解决施工中出现的不安全技术问题,排除潜在的事故隐患。生产调度负责人负责在保证安全的前提下,合理安排生产计划,组织施工并实施相关的安全技术措施,并定期进行检查,及时发现并消除任何潜在的安全隐患。机械管理负责人负责确保项目所使用的各类机械的安全运行;监督机械操作人员持证上岗,遵守相关规定进行作业;配备各类机械所需的防护设施,最大程度上确保机械操作的安全性。消防管理负责人负责确保防火设备设施齐全有效,最大程度上降低火灾发生的风险;及时消除可能存在的火灾隐患;组织和监督现场消防队开展日常消防工作,确保在火灾发生时能够迅速、有效地响应和处置。劳务管理负责人负责确保进场施工人员具备必要的技术素质和能力;控制工人的加班加点情况,保证劳动强度合理、确保劳逸结合;提供必要的劳保用具用品,最大程度上保障工人的安全和健康。就其他部门而言,财务部门负责保障安全管理相关经费,卫生部门负责开展工业卫生和环境保护工作、预防和治疗职业病。班前安全教育、操作规程、劳动用品、机具设备、防护施工、电气绝缘以及消防措施等方面的检查工作则下派至施工队长、班组长、安全员以及具体操作者等。

在安全管理组织计划方面，项目应采取逐级安全技术交底制度。开工前，总工程师将工程概况、施工方法、安全技术措施等情况逐一向现场全体管理人员进行交底，施工工长则会按照工程进度向有关班组长进行交底，在每天正式开工前，班组应向工人交代施工要求，以及作业环境的安全情况。进入施工现场的人员应接受入场教育和上岗教育，特殊工种的操作人员须通过考核并持证上岗。在事故处理方面，实行“四不放过”原则：事故原因未查清不放过；责任人员未受到处理不放过；事故责任人和周围群众没有受到教育不放过；事故制订的切实可行的整改措施未落实不放过。

3.3.2 安全管理制度

在雨污混接改造工程项目现场，为了确保进行安全施工，应建立安全管理制度，包括以下几种。

1. 安全例会制度

每周开展一次安全生产工作会议，与会者包括项目经理、副经理、项目工程师、专职安全员。班组每周组织一次安全日活动，由工长和专职安全员组织。会议记录须存档备查。

2. 安全检查制度

每周项目组和施工队各组织一次安全检查，主动解决发现的问题和隐患。主管领导和项目安全员必须参加各级安全检查。定期检查由安全员依照地方有关安全方面的内容进行分项打分评定，作为评定先进及执行奖罚的依据，并存档备查。各级领导、安技部门和专职人员应经常深入现场查找事故隐患，于作业前后勤检勤查，及时纠正违规行为。

3. 安全技术措施交底制度

安全技术措施应逐级分项,分工种进行交底,并详细记录,进行层层验收。现场分项工程交底要填写现场安全施工日志和安全技术措施记录,并存档备查。

4. 现场设备使用验收制度

现场各类设备投入使用前一律进行检查、试运和验收。项目机械员、安全员、施工负责人和工长负责各类设备的验收,验收后须登记建卡并存档备查。设备使用中如发现问题,工长应及时组织有关人员进行维修,并保持各类安全防护装置齐全、灵敏、可靠。

5. 安全技术资料管理制度

项目安全员应加强文档管理,积累基础资料,并及时上报各类统计报表,提出分析及改进措施意见。有关"三级教育"及特殊工种培训、安全检查、设备验收和安全技术措施交底等工作,各有关部门须建档、建卡,并加强管理,并由项目安全员定期检查督促。

3.3.3　安全管理措施

在雨污混接改造工程项目现场,常涉及大型机械、基坑坍塌、有害气体等安全风险,因此应采取相应的安全管理措施来保障施工安全,主要包括以下几种。

1. 交通安全管理措施

车辆运行应符合交通法规,包括持证上岗、车况良好、遵守交通规则、不酒驾、不超速等。所有施工车辆应由专人操作,严禁串岗,操作人员必须持证上岗。施工车辆应由专人进行定期和不定期的检查、保养和维修。在占道施工前必须与交通管理部门协商并办理相关手续,配置符合要求的交通防撞栏、警示牌、防护墩,反光指示牌、照明灯和施工人员反光衣等。所有施工人员过路都必须严格遵守交通规则,采取"一慢、二看、三通过”的方法。

2. 施工用电安全管理措施

临时用电设施的安装、维修或拆除必须由持证上岗的电工完成。施工现场的临时电线路采用三相五线制，并设有 T/N－S 接零保护系统。所有设备除保护接零外，还必须在设备负荷线的首端处设置漏电保护装置。移动式发电机的接地应符合固定式电气设备接地的要求，供配电系统必须符合相关要求。

3. 施工机械安全管理措施

机械必须安装防溅型漏电保护器。使用夯土机械时必须穿戴绝缘用品，由专人调整电缆，多台机械并列作业时间距不小于 5 m，串列作业时间距不小于 10 m，机械的操作扶手必须采取绝缘措施。电焊机应放置在通风良好的防雨场所，焊接现场不得堆放易燃易爆物品，使用电焊机械必须穿戴防护用品。手持电动工具的外壳、手柄、负荷线、插头、开关等必须完好无损，使用前必须进行空载检查，确认正常方可使用。平板振动器和地面抹光机的负荷线应采用耐气候型橡皮护套铜芯软电缆。水泵的负荷线应采用 YHS 型防水橡皮护套电缆。

4. 不利天气施工安全管理措施

在暴雨和台风来临前后，需要对工地的临时设施、机电设备、临时线路等进行检查，如发现倾斜、变形、下沉、漏雨、漏电等问题，要及时修理加固，如果存在严重危险情况，则应立即排除。机电设备的电气开关需要配备防雨、防潮设施，以保证设备运行的安全可靠。混凝土工程施工完成后需要及时进行覆盖养护，并在终凝之前采取相应措施避免雨水冲刷，在进行大面积、大体积混凝土的浇筑时，需要提前做好施工组织，选择无大雨的时期进行，并备有防雨设施，在雨季时尽量减少进行大面积、大体积混凝土现浇工作的次数。应重视现场道路的维护，需要加强日常的检查和维护工作，确保道路的平整和安全，避免意外事故的发生。高温作业时调整工人作息时间，避免工人出现健康问题。

5. 防坍塌安全管理措施

为防止土方开挖后基坑的坡壁土体在某一坡面滑动而引发坍塌事故，应制订以下预防技术措施：开始施工前须充分研判，制订完善安全保护措施，建立安全组织，并落实责任制度。须严格按照土方开挖机械的操作规程施工。在陡峭地形下施工，应先检查地下情况，如危岩、孤石、崩塌土方、断裂坡面等不稳定迹象，须先处理再施工。基坑开挖时，应根据设计深度和土质类别确定边坡系数，如放坡受场地限制，应采取相应安全保护措施。地质条件较好、土质均匀且地下水位低于基坑底高程时，可直接开挖，但必须控制在规范允许深度以内；若超过允许深度，应根据地质类别和深度对照规定的边坡系数进行放坡，同时采取必要的支撑等固壁安全保护措施。在边坡顶部，应尽量减少荷载（静荷载、动荷载），弃土堆放距离开挖线应大于 2.0 m，堆积高度不得超过 2.0 m。土方开挖施工时，应自上而下分层均衡挖，严禁采用掏洞或挖空脚基的方法。施工人员不得在基坑内休息。施工期间如遇降雨，应制订安全保护措施，防止雨后地表水流入基坑，同时及时排尽坑内积水，减少浸泡时间。严禁在开挖边缘处行驶机动车辆和堆放杂物，在管沟顶周边应设立连续、封闭的安全护栏，以防施工人员或外来人员坠落。

6. 地下障碍物防护措施

开挖沟槽时，由于地下障碍物不可预计，施工危险系数将会增加。因此应注意沟槽及周边土质条件，并采取有效的措施进行防护。如果沟槽开挖底部存在淤泥或地下水，需要采取降水排水措施，并使用换填沙砾石基础或增加混凝土基础厚度的方法，以使沟槽的地基强度符合设计规范。如果沟槽开挖中存在电缆线、天然气管道或其他管道，则应进行现场勘察，确定管道或电缆线的走向和用途，并采取有效的措施进行预埋或防护。

7. 复杂情况下的登高作业安全管理措施

凡患有高血压、心脏病、癫痫病和其他不适合高空作业的人，禁止登高作业。登高前，班长应对作业风险进行评估，对人员进行现场安全教育。检查所用的登高工具和安全用具（如安全帽、安全带、梯子、跳板、脚手架、防护板、安全网）必须安全可靠，严禁冒险作业。登高作业时，应在登高地点两侧各 10 m 处设置警示牌。登高作业与其他作业交叉进行时，必须按指定的路线上下，禁止上下垂直作业，若必须垂直作业时，应采取可靠的隔离措施。施工人员配备工具袋，施工工具和工件应有防滑落措施。严禁向下抛投杂物。对临时性登高作业，必须履行审批手续，采取一定保护措施，确定安全监护人后才能登高作业。

8. 有限空间作业安全管理措施

有限空间作业安全管理措施主要可分作业前、作业中、作业完成后三个阶段。在有限空间作业实施前，应遵循以下几点安全措施：

（1）研判辨识。施工单位应按照相关规范中的有限空间定义，对工地是否存在有限空间进行研判，对有限空间内可能存在的危险有害因素进行全面辨识，根据危险有害因素类、参数和特性，制订相对应的风险管控措施，监理单位应对风险辨识情况和风险管控措施进行复核。

（2）教育交底。施工单位应针对本项目涉及的有限空间作业特点，对施工负责人、监护人员和作业人员等相关人员进行安全教育交底，内容应包括：有限空间作业危害特性、安全操作规程、应急救援预案以及检测仪器、个人防护用品、救援器材的正确使用等。教育交底应有书面记录，参加的人员应签字确认，未经教育交底的人员不得进入有限空间作业。

（3）条件验收。施工单位和监理单位应对有限空间的作业条件开展验收，验收内容应包括教育交底、通风措施、气体检测、防护用品、应急救援、现场监护等内容，经施工单位和监理单位验收同意后方可开展有限空间作业。

（4）通风检测。施工单位要严格遵守“先通风、再检测、后作业”的工作原则，应先对有限空间作业区域进行通风，严禁用纯氧进行通风。通风结束后对有限空间内气体进行检测，检测应从出入口开始，沿人员进入有限空间的方向进行。垂直方向的检测由上至下，至少进行上、中、下三点检测，水平方向的检测由近至远，至少进行出入口近端点和远端点两点检测，应至少检测氧气、可燃气体、硫化氢和一氧化碳等，确保其含量符合安全作业要求，检测的时间不得早于作业开始前30 min，气体浓度检测合格后方可作业。

在有限空间作业实施阶段，应遵循以下几点安全措施：

（1）警示标志。施工单位应在有限空间作业场所显著位置设置安全警示标志或告知牌，内容包括警示标志、存在的危害因素、防控措施、安全操作注意事项、应急电话等内容，防止作业人员和其他人员误入。

（2）劳防用品。施工单位应按规定为作业人员配备劳防用品，作业人员进入有限空间前应正确佩戴安全帽、安全带或安全绳，必要时应随身携带便携式有害气体和含氧量检测报警设备，同时应设置牢固安全的逃生通道。当有限空间可能存在可燃性气体或爆炸性粉尘时，作业人员应当使用防爆工具。

（3）过程监测。施工单位应保持有限空间作业过程中持续通风，同时对作业场所中的氧气、硫化氢、一氧化碳等气体进行连续监测或者定时检测，定时检测应至少每30 min检测一次，当检测指标出现异常情况时，应当立即停止作业并撤离作业人员，经重新检测评估后，方可恢复作业。

（4）现场监护。施工单位监护人员应在有限空间外全程持续监护，不得擅离职守。监护人员要跟踪作业人员的作业过程，与其保持信息沟通，发现有限空间气体环境发生不良变化、安全防护措施失效和其他异常情况时，应立即向作业人员发出撤离警报，并采取措施协助作业人员撤离，防止未经许可的人员进入作业区域。

在有限空间作业完成后，施工单位应将全部设备和工具带离有限空间，清点人员和设备，确保有限空间内无人员和设备遗留后，关闭出入口，解除本次作业前采取的管控措施，恢复现场环境后安全撤离作业现场。

同时，施工单位应将有限空间作业内容纳入应急预案中，当发生中毒窒息等突发事件时，应严格按照预案进行应急救援。严禁盲目施救，导致事故扩大。救援人员必须做好自身防护，正确佩戴、使用合格的呼吸保护器具、救援器材，严禁救援人员在未做好自我防护的情况下进行施救。

3.3.4 消防措施

消防安全是所有建设项目施工现场安全管理方面都应重视的一点，由于消防措施相关内容的篇幅较长、要点较多，因此本书将雨污混接改造工程的消防措施单列为一小节进行阐述。消防措施主要分为以下三个环节。

1. 消防宣传教育及组织管理

工地防火领导小组由项目经理、项目总工长等管理骨干组成。每个班组都配备专职防火员，实行层层包工，谁施工，谁负责。工地成立义务消防队，并在各班组、宿舍设有专职防火员，协助相关部门进行消防器材使用训练和实习，每月举行消防例会和检查，找出差距并及时整改。充分利用班组会议、宣传栏、大字报等形式宣传消防相关法律法规。以建筑行业的火灾事故作为教训，提高工人的防火意识，做到消防安全人人关注，处处防范。领导班子每周召开例会，管理人员和班组长参加，检查安全和防火工作。

2. 消防设施投入及管理措施

为保障施工安全，全工地必须按要求配备灭火器材，工地消防用水和施工同步进行，消防设备分布均衡，包括消防栓、消防水带、消防枪等，机电设备要符合标准，操作员必须持证上岗，规范操作，对防火重点部位进行严密防范。动火作业必须经过严格报批手续，执行“八不”“四要”“一清理”措施，现场必备灭火器和防火挡板等。易燃易爆物品如乙炔气瓶、氧气瓶独立存放在通风良好的仓库内，四周无易燃杂物，挂有禁止烟火的警示牌。宿舍应有专人管理和清扫，定期检查，发现乱拉乱接电线、烧火做饭或在床上吸烟者及时处理。

3. 教育及处罚制度

除了通过宣传教育和设备投入来落实消防安全工作外，应制定严格的处罚制度。各配合工种和各施工班组的承包合约书中应将防火安全作为承包内容，施工单位应制定一系列管理制度和处罚条例，如《民工管理制度》《宿舍安全防火制度》《厨房卫生管理制度》《工地文明施工制度》《违章处罚条例》等，以规范工人的行为。为确保施工安全，工地应成立综合治理领导小组，进行定期检查和突击检查相结合，每月公布整改和罚款工作。加强巡逻值班制度，上班时间由安全监督员和班组长值班，下班时间由保卫人员值班，宿舍及施工现场均应进行 24 h 巡逻。

4. 动火安全原则。

动火前应遵守“八不”原则：

(1) 防火、灭火措施不落实不动火；

(2) 周围的易燃杂物未清除不动火；

(3) 附近难以移动的易燃结构未采取安全防范措施不动火；

(4) 凡盛装过油类等易燃液体的容器、管道，未经洗刷干净、排除残存的油质不动火；

(5) 凡盛装过气体受热膨胀有爆炸危险的容器和管道不动火；

(6) 凡储存有易燃易爆物品的车间、仓库和场所，未经排除易燃易爆危险的不动火；

(7) 在高空进行焊接或切割作业时，下面的可燃物品未清理或未采取安全防护措施的不动火；

(8) 未有配备相应的灭火器材不动火。

动火中应遵守“四要”原则：

(1) 动火中要有现场安全负责人；

(2) 现场安全负责人和动火人员必须经常注意动火情况，发现不安全苗头时，要立即停止动火；

(3) 发生火灾、爆炸事故，要及时扑救；

(4) 动火人员要严格执行安全操作规程。

动火后应进行“一清理”：动火人员和现场安全责任人在动火后，应彻底清理现场火种后才能离开现场。

3.3.5 安全事故应急预案

制订安全事故应急预案是为了在雨污混接改造施工现场发生安全事故时，能够快速、科学、有效地组织应急救援，最大限度地减少人员伤亡和财产损失。通过制订安全事故应急预案，能够提高施工现场的安全管理水平，有效防范和减少安全事故的发生，保障雨污混接改造施工现场的安全生产。在组织层面，应成立安全生产事故应急小组，该小组直接向项目经理负责，由专职安全员担任组长，并由各班组组长组成。

在处理安全事故时，应遵循如下若干原则：

(1) “及时性”原则。撤离人员要及时，报告应及时(向上级和有关主管部门报告)，通知保险公司应及时(在已投保建筑施工安全保险的情况下)，排险和救援工作应及时。

(2) “先撤人、后排险”原则。在发生事故或紧急险情时，必须先撤离处于危险区域内的人员，然后有组织地进行排险工作。

(3) “先救人、后排险”原则。如果有人受伤或死亡，应首先救援伤者和撤离亡者，随后才能进行排险处理工作，以避免造成新的伤害。

(4) “先防险、后救人”原则。在险情和事故仍在继续发展或者险情尚未消除的情况下,必须采取安全防护措施,然后再进行救援,以避免救援者或伤者受到伤害。

(5)“先防险,后救援”原则。要求在进入现场进行排险作业时,必须先采取可靠的支护等安全保障措施,以避免排险人员受伤。

(6)“先排险、后清理”原则。只有在制止事故继续发展和排除险情后,才能进行事故现场的清理工作。

安全事故应急预案中,所采取的安全应急措施主要有:

(1) 设立 24 h 安全巡查小组,对所属标段进行昼夜巡查,及时发现安全隐患并加以处理。

(2) 保持值班固定电话、项目工程师移动电话、对讲机、传真机、上网电脑等通信设备待机状态。

(3) 接到紧急报告后,立即通知监理工程师和业主代表。

(4) 在接到报告后的 1 h 内,项目工程师及相关施工人员必须赶到现场。

(5) 对事故现场进行封闭处理,避免行人和车辆靠近。

(6) 若发生安全事故,必须立即上报 110、120 急救中心,同时进行伤员抢救和现场保护,并协助交通管理部门取证。

(7) 若发生重大安全事故无法短时间内处理完,须进行现场防护和情况记录,并请求监理工程师和业主代表的协助处理。

3.4　进度管理

3.4.1　进度管理存在的问题

由于雨污混接改造工程项目规模大、工期长、结构复杂,在实施过程中必然存在许多不确定因素。一般来说,不确定因素包括人为因素、技术因素、材料和设备因素、资金因素、环境因素等，这些不确定因素可能导致项目工期延后、成本增加。本书在参考同类工程项目实践的基础上，对其进度管理中存在的问题进行整理，对国内雨污混接改造工程进度管理中存在的问题进行整理、分析，分析问题间的逻辑关系和相互联系。同时在实地走访相关施工队长以及专业人员后，发现雨污混接改造工程项目进度的影响因素主要有以下六个方面。

1. 人为因素

项目部员工配合程度不足，组织协调能力弱，缺乏良好的协同意识与计划意识，预见能力与市场敏感性较低，易导致工程进度管理流于形式，难以发挥应有价值。各职能部门员工缺乏良好的沟通协调，项目部门与业主、监理单位等并未形成有效的沟通协调。员工在实际工作过程中，存在操作不规范或操作违规的现象，难以保障项目建设质量，导致项目存在安全隐患，后期需要进行返工，对项目建设质量与进度产生不良影响。

2. 财务因素

雨污混接改造工程建设需要大量资金投入，同时还需要建筑材料、施工机械等。倘若建设资金不到位，建筑材料无法及时入场，施工机械配置不足等问题存在，将会导致工程项目停工，严重影响项目建设进度，无法保障项目在约定时间内完工。

3. 技术因素

雨污混接改造工程项目在实际施工过程中，对于技术有着严格的要求。倘若盲目使用新工艺、新技术，对施工设计图纸了解不够透彻，导致项目建设实际状况与设计内容不相符，会产生一系列问题，阻碍建设工作的顺利开展。此外，施工单位对工程项目工艺标准及规范要求等内容了解不够充分时，同样也会导致整体工程项目建设与设计状况不符，使得施工周期受到不良影响。

4. 环境因素

在进行户外作业时，恶劣天气将会影响雨污混接改造工程项目施工进度及质量，因此，需要通过科学有效的管理措施，保障工程项目如期建设。倘若面临恶劣天气，无法进行户外作业时，将会导致工期拖延。同时，倘若项目建设周围环境不和谐，也会对工程项目产生干扰，导致工程项目无法如期完成。

5. 材料采购因素

建筑材料与雨污混接改造工程项目建设各环节的顺利实施密切相关，充足的资金是保证采购活动的前提。而工程材料在采购之前，要经历采购申请、请购审批、款项下拨等多个环节，审批链条过长，不仅会造成采购活动滞缓，还会导致材料供应不足、延误工程工期，甚至会增加企业施工成本。

6. 安全管理因素

施工安全隐患是施工过程中的一项风险因素，一旦出现安全事故，不仅会延误工期，还会影响企业声誉。例如，由于缺乏监管，在工程项目施工过程中未履行安全交底流程；对于已经发生的事故没有总结经验教训；对于潜在的风险隐患未全面排查等。这些安全隐患不仅增加了施工风险，也必然会影响工程进度。

3.4.2 进度目标协同管理

为了解决雨污混接改造项目信息沟通传递的路径长、参建方目标不统一和参建方人员工作的时间空间不一致的深层次问题，可以建立进度目标协同管理小组，建立统一的信息共享平台。从而健全各参建方协同管理的机制、明确各参与方的进度控制责任、缩短各方沟通的路径、统一各方的进度控制目标。

1. 进度协同管理小组的建立原则

进度目标协同管理小组的组建要符合：

（1）扬长避短的原则。各参建方在雨污混接改造项目实施过程中的不同角度，有着不同的优劣势。在进度目标协同管理小组的架构、任务设计中，尽可能地让参建方在其优势方面发挥进度控制的作用。

（2）付出与收益对等的原则。虽然在项目进度控制中，各方对进度的快慢都负有一定程度的责任，但这种责任的大小却不一样。在设置进度目标协同管理小组时，要按照收益与付出对等的原则，发挥各方主观能动性。

（3）管理界面全覆盖的原则。在进度管控中，要尽力将管理界面和定位划分清晰，保证管理无"真空"，出现某一工作任务无人问津的情况。

（4）管理界面无冲突的原则。如施工图设计工作由总承包方牵头组织设计方实施，只要施工图预算在设计概算和投资预算范围内且图纸可以通过审查，建设单位就不应以所选材料价格高等理由强加干涉。要尽可能避免管理权限出现交集，每一项工作都应由具体的参建方全权负责，以此降低"内耗"。

2. 进度目标协同管理小组的组织架构设计

由于合同关系的存在，各参建方之间存在管理的壁垒和不同的组织架构，且受到经济合同方面的掣肘。针对这种情况，可以尝试打破原组织架构，为了进度目标的实现而组建进度协同管理小组。选定项目参建方各团队的成员组成进度控制小组。为了提高工作效率并解决小组成员间乃至参建方之间的矛盾，可额外成立领导组。

3. 进度协同管理小组的工作制度

成立项目进度协同管理小组，解决了项目进度控制组织的问题，但仍须进一步确定进度小组的工作制度，使得进度控制工作可以按计划进行，小组工作制度包括：

（1）小组成员进度控制责任制。进一步细化各项进度控制工作的具体负责人，将责任目标进行分解，使得工作任务无遗漏，每一项工作都有对应的人员具体实施，每一名小组成员都有对应的工作任务。

(2) 信息共享制度。无论哪一个参建方，有关进度的信息都应该及时地反馈至管理小组中，如某手续政府机构办理缓慢导致无法开展施工等。信息的共享可以让各方随时跟进项目的实施情况，并有针对性地调整自己的工作内容。

(3) 资源共享制度。各参建方具备不同的资源，包括信息资源、财务资源、机械资源、人员资源等。组成协同进度控制小组，就是要整合这种资源，实现资源利用最大化。

(4) 集成办公制度。在进度协同管理小组的运行中，要求各参建方派代表在固定时间段内集中办公，集中解决制约进度的各种问题。如此，在项目实施的各个阶段，都把对项目实施进度承担责任的参建方集中起来，为管理小组的顺畅运行提供了有力保障。

(5) 奖罚制度。每个参建方参与项目都是为了实现良好的效益。作为各参建方的工作导向，利益可以将各方团结起来共同为项目出力。在管理小组组建初期，各参建方通过补充协议的形式订立奖罚制度，各方为了实现共同的目标，按期根据在达成目标过程中的影响力大小和在管理小组中的职责，分别缴纳一笔进度保证金。最后依据进度控制的成效，共同确定该笔金额的归属。

3.4.3　进度管理优化

雨污混接改造工程进度关系到工程附近居民的切身利益，是合同能否顺利执行的关键。在施工监理过程中，一般将计划进度和实际进度的平衡作为控制进度和计划管理的关键环节。为防止施工延期等现象的发生，需要进行进度控制的管理优化。

1. 网络计划技术

应用于雨污混接改造工程项目的计划与控制的管理技术之一就是网

络计划技术。它主要遵循以下六个步骤：

（1）确定目标。提出对雨污混接改造工程项目和有关技术经济指标的具体要求，比如工期方面，成本费用方面的要求。

（2）分解工程项目，列出作业明细表。在绘制网络图前就要将雨污混接改造工程项目分解成各项作业。在此基础上再进行作业分析，需要明确先行作业（紧前作业）、平行作业和后续作业（紧后作业）。

（3）绘制网络图，进行节点编号。根据作业时间明细表，按照不同绘制方法（顺推法和逆推法）完成网络图。

（4）计算网络时间，确定关键路径。根据网络图及各项活动的作业时间，计算出全部网络时间和时差，并确定关键线路。

（5）网络计划方案优化。依据关键路径，可以初步确定项目工期。然而关于这个工期，是否符合合同或计划规定的时间要求、是否符合人、财、机、料供应、是否超出项目成本费用等，仍需要进一步综合平衡，通过优化来择取最优方案。

（6）网络计划实行。项目全员应严格按照网络计划实施并且定期检查监督。通过对比实际进度与计划进度，采取措施不断调整，使二者相统一。

2. 基于前锋线法的进度监控

在编制了科学合理的施工进度计划，落实施工资源保障措施的基础上，在项目实施的过程中，还须加强进度计划的监控，方符合进度控制的动态控制原理。可以采用前锋线法来完善进度监控，其步骤如下：

（1）绘制时标网络计划图。工程项目实际进度前锋线是在时标网络计划图标示的，为清晰起见，可在时标网络计划图的上方和下方各设一时间坐标。

（2）绘制实际进度前锋线。一般从时标网络计划图时间坐标的检查日期开始绘制，依次连接相邻工作的实际进展位置点，最后与时标网络计划图坐标的检查日期相连接。工作实际进展位置点的标定方法有两种：其一是按该工作已完任务量比例进行标定，假设雨污混接改造工程项目中各项工作均为匀速进展，根据实际进度检查时刻该工作已完任务量占其计划完成总任务量的比例，在工作箭线上从左至右按相同的比例标定其实际进展位置点；其二是按尚需作业时间进行标定，当某些工作的持续时间难以按实物工程量来计算而只能凭经验估算时，可以先估算出检查时刻到该工作全部完成尚需作业的时间，然后在该工作箭线上从右向左逆向标定其实际进展位置点。

（3）比较实际进度与计划进度。前锋线可以直观地反映出检查日期有关工作实际进度与计划进度之间的关系。对某项工作来说，其实际进度与计划进度之间的关系可能存在以下三种情况：工作实际进展位置点落在检查日期的左侧，表明该工作实际进度延后，延后的时间为二者之差；工作实际进展位置点与检查日期重合，表明该工作实际进度与计划进度一致；工作实际进展位置点落在检查日期的右侧，表明该工作实际进度超前，超前的时间为二者之差。

（4）预测进度偏差对后续工作及总工期的影响。进行实际进度与计划进度的比较确定进度偏差后，还可根据工作的自由时差和总时差预测该进度偏差对后续工作及项目总工期的影响。

3. 基于工期—成本优化法的进度纠偏

施工进度的偏差是逐步积累的，在进度刚刚出现微小偏差的时候，往往可以用较小的代价进行纠正，而当进度偏差积累到一定程度，可能会出现赶工的付出大于赶工回报的情形。比如，赶工一天付出的额外成本比进度滞后一天的罚款还多，此时施工进度损失就会变得难以挽回，施工进度的管理者也失去了进行纠偏的动力。因此，为了避免缺少进度计划执行情况的日常监控的发生，除了使用网络计划技术，雨污混接改造工程项目还需要使用工期—成本优化方法来进行进度纠偏。其优化步骤为：

（1）依据正常工期编制网络计划，并计算出计划工期和相应的直接费用。

（2）依据网络计划列出各项工作的正常工期和最短工期的直接费用，以及缩减单位时间所增加的费用，即单位时间费用变化率。

（3）根据费用最小原则，找出关键工作中单位时间费用变化率最小的工序先进行压缩，可以使得直接费用增加得最少。

3.4.4 进度计划保障措施

1. 施工准备阶段保障

只有做好充足的准备才能保证项目进度计划的顺利实施，做好雨污混接改造工程施工准备阶段的保障措施主要有两方面：一方面是要建立健全完善的项目组织体系，搭建合理的组织框架；另一方面是要做好各项施工准备工作，尤其是一些可以放在施工准备阶段进行的活动，尽可能地要在准备阶段做好。

建立健全完善的项目组织体系主要包括以下三个方面：

（1）依法依规施工，按照层次明晰、分工合理的原则搭建项目管理体系，要在充分考虑好各个团队职责的前提下，明确管理和呈递关系，召开项目动员会，使所有人员都能尽快进入角色，及时行动起来，保证任务分解的落实。

（2）根据雨污混接改造工程的性质特点采取集约化管理，充分发挥出各单位、各部门的专业优势，打造一支有能力、有干劲的专业化队伍。

（3）严格进行人员选拔，尤其是项目指挥部的指挥长及主要管理人员，还有施工方的管理和技术人员，都需要是经验丰富、指挥能力强、协调沟通能力突出的人员，要在项目进展过程中发挥出“定心丸”“指挥棒”的作用。

做好各项施工准备工作主要包括以下三个方面：

（1）做好前期的报批手续，以及有关部门的协调批示工作，使工程尽快达到开工条件。

（2）结合雨污混接改造工程项目实际情况，编制项目整体和分步的实施方案，制订项目进度计划及应急预案，采用标准化管理模式，为项目顺利开工和建设奠定基础。

（3）加快资源调配，确保资金、机械设备、人员、物料等及时到位，快速完成临时建设和部分预制工作，如管道及井盖的订购与预制工作，为工程全面开展创造必要条件。

2. 施工过程组织保障

施工过程组织保障，旨在建立合理的施工过程组织体系，避免因为组织体系不健全、权责不明确造成工期延误。主要措施有以下三点：

（1）实行信息化管理，采用三级动态管理来保证项目工期进度。由雨污混接改造工程项目指挥部制订一级进度计划（总体进度控制计划），总进度作为项目工程的总体指导方向，不涉及施工中的具体细节。由项目承建方编制二级进度计划，计划中标列各项项目工序的月进度，各施工队组的任务目标和完成时限。由各专业施工队组编制三级进度计划，计划中体现具体施工工艺和施工细节，以周为时间单位进行进度安排和目标分解。三个计划要求层次明晰、总体衔接、设置合理，运用项目管理软件进行信息反馈，对项目进度实行有效的动态控制。二、三级计划的编制，必须具体详细，根据实际情况，具有可操作性。

（2）强化业务系统职责，严格执行岗位责任制。根据雨污混接改造工程特点及工作面的部署，强化管理监督、材料设备、施工建设等部门的人员结构，将各项施工任务落实到人，做到责任明确，保证岗位职责全覆盖、无死角、少重叠，在施工过程中注重人员工作水平和业务能力的提升，确保目标工期的实现。同时各部门、成员之间的工作联系，除必要的口头通知外，一律通过项目推进系统和书面文件形式进行沟通，防止误传或谣传。

(3) 严格执行项目指挥部例会、工地会议制度。雨污混接改造工程项目指挥部每周召开工作例会，项目经理每周召开施工现场会议，每旬召开一次现场工作调度会，无论是例会还是调度会，都要对发现的问题和反馈的信息及时妥善处理，并对下一步的工作计划进行调整更新。

3.5 竣工验收与移交管理

3.5.1 验收管理规定

1. 工程验收合格应符合下列规定

(1) 符合工程勘察、设计文件的要求；

(2) 效果验收合格。

2. 验收材料应包括下列内容

(1) 调查技术报告及相关测绘图纸资料；

(2) 项目工程设计、工程竣工验收和工程监理等相关档案资料。

3. 建筑分流改造验收应符合下列规定

(1) 涉及阳台立管改造的，立管连接件应设置齐全、位置正确、安装牢固美观，连接部位无扭曲、变形；

(2) 雨污水立管及地面管网标识应走向清晰，与实际相符；

(3) 油水分离器、隔油池、毛发收集井和毛发收集器等污水预处理设施应设置到位；

(4) 竣工验收前施工单位应对排水管道进行 CCTV、QV 等检测，如有淤泥、垃圾、管道损坏等情况，应清理、修复后再次检测；

(5) 对于末端截流设施，应检测水泵运行、液位控制和闸门开闭动作是否正常；

（6）工程验收合格后，建设单位应将有关设计、施工、内窥检测及验收的文件和技术资料按照地方相关要求立卷归档。

3.5.2　竣工验收与移交要求

1. 竣工验收与移交的相关政策规范

住宅小区雨污混接改造工程的验收应当符合现行上海市及工程所在地的有关施工验收规范要求：

（1）《给水排水管道工程施工及验收规范》（GB 50268）；

（2）《建筑给水排水及采暖工程施工质量验收规范》（GB 50242）；

（3）《埋地高密度聚乙烯中空壁缠绕结构排水管道工程技术规程》（DBJ/T 15—33）；

（4）《混凝土结构设计规范》（GB 50010）；

（5）《给水排水工程构筑物结构设计规范》（GB 50069）；

（6）《上海市住宅小区雨污混接改造技术导则》；

（7）《城镇排水管道非开挖修复更新工程技术规程》（CJJ/T 210）；

（8）《城镇排水管道非开挖修复工程施工及验收规程》（T/CECS 717）；

（9）上海市建设委员会、上海市市政园林局颁发的有关建筑规程，安全、质量及文明施工等文件。

2. 竣工验收标准

1）基本要求

雨污混接改造项目的竣工验收需要满足多个基本要求。第一，工程设计必须符合相关法规、标准和规范要求，包括确保设计方案合理、安全且可持续；同时充分考虑雨污分流、集中处理和排放要求以及工程的功能性和可操作性，以确保最佳效果和长期可靠性。第二，施工质量是竣工验收的重要考核因素，各项工程质量要求必须得到有效控制和监督，包括管道、管件、阀门、泵站等设备的安装质量，管道连接的紧密性、密封性和稳定性，以及其他相关设施和设备的合格安装和运行。第三，雨污混接改造项目的排水系统必须具备稳定可靠的性能，须考虑雨水排放的合理性、污水收集和处理的有效性，以及管道的通畅性和防堵能力。排水系统应能够在各种天气条件下正常运行，确保排放的水质符合相关标准要求。同时，应充分考虑雨污水系统与现有设施的衔接和协调，确保系统运行的顺畅性和稳定性。环境保护和安全要求也是竣工验收的重要方面。雨污混接改造项目在竣工验收时必须符合环境保护要求，防止水污染和土壤污染的发生。施工过程中应采取必要的环境保护措施，确保项目对周围环境没有负面影响，并采取必要的安全措施，保障工作人员和居民的人身安全。第四，进行竣工验收前，须保证相关手续和文件的齐全，包括工程竣工报告、施工记录、验收测试报告、设备操作和维护手册等，文件应详细记录工程的实施情况和技术参数，供验收机构进行评估和审查。同时，应确保所有相关的法律和行政审批程序已经完成，并获得必要的许可证和批准文件。

2）管道基础标准

原状地基的承载力和混凝土基础的强度应符合设计要求，砂石基础的压实度符合设计要求或《给水排水管道工程施工及验收规范》的有关规定。原状地基、砂石基础与管道外壁间接触均匀，无空隙；混凝土基础外光内实、无严重缺陷，钢筋数量、位置正确。管道基础的允许偏差应符合《给水排水管道工程施工及验收规范》的规定。

3）管接口连接标准

管节及管件、橡胶圈等产品的质量应符合《给水排水管道工程施工及验收规范》的有关规定。在承插、套筒式连接时，承口、插口部位及套筒连接应紧密，无破损、变形、开裂等现象。插入后，胶圈应处于正确位置，无扭曲等现象。双道橡胶圈的单口水压试验应合格。乙烯管和聚丙烯管的接口熔焊连接应符合以下规定：① 焊缝应完整，没有缺损和变形现象；焊缝连接应紧密，没有气孔、鼓泡和裂缝；电熔连接的电阻丝不应裸露；② 熔焊焊缝的焊接力学性能不得低于母材；③ 热熔对接连接后应形成凸缘，且凸缘的形状大小均匀一致，没有气孔、鼓泡和裂缝。接头处应有沿管节圆周平滑对称的外翻边，外翻边最低处的深度不得低于管节外表面；管壁内翻边应被铲平；对接错边量不得大于管材壁厚的10%且不得大于3 mm。卡箍连接、法兰连接、钢塑过渡接头连接时，应确保连接件齐全、位置正确、安装牢固，连接部位没有扭曲和变形现象。在承插、套筒式接口中，插入的深度应符合要求，相邻管口的纵向间隙应不小于10 mm，环向间隙应均匀一致。承插式管道沿曲线安装时的接口转角，玻璃钢管的转角不应大于《给水排水管道工程施工及验收规范》第5.8.3条的规定；聚乙烯管和聚丙烯管的接口转角应不大于1.5°；硬聚氯乙烯管的接口转角应不大于1.0°。熔焊连接设备的控制参数应满足焊接工艺要求。设备与待连接管的接触面应无污物，设备及组合件的组装应正确、牢固、吻合。焊后冷却期间接口不应受到外力的影响。卡箍连接、法兰连接、钢塑过渡连接件的钢制部分以及钢制螺栓、螺母、垫圈的防腐要求应符合设计要求。

4）管道铺设标准

管道布设深度、轴线位置应符合设计要求。质量管理要求管道的布设深度和轴线位置与设计要求一致。合理的深度和轴线位置能够确保管道在运行时正常排水或输送介质，并且无压力管道绝对禁止出现倒坡现象，以避免对管道系统造成不必要的压力和负荷。铺设前需要检查管道表面和内部是否存在可见的裂缝、缺损或损坏现象，以确保管道的结构完整性和持久性。柔性管道的管壁不得出现纵向隆起、环向扁平和其他变形情况，管道的壁厚、外形和结构应保持一致，以确保管道在使用中不会产生变形，影响流体传输或排水效果。管道铺设安装必须稳固，管道安装后应线形平直，管道应根据设计要求进行正确的支撑和固定，确保在正常运行中不会发生移位、下沉或其他不稳定现象。此外，管道安装完成后，应保持线形平直，不得出现明显的弯曲、偏斜或起伏。管道内应光洁平整，无杂物、油污，在安装过程中，必须确保管道内部清洁无尘，以防止杂质或沉积物对管道的阻塞或腐蚀。管道的内表面应进行清洗和处理，以确保流体在管道内畅通无阻。管道无明显的渗水和水珠现象。管道连接处和管道表面应严密密封，确保没有明显的漏水现象。

3.5.3 竣工验收与移交内容

1. 竣工验收基本条件

单位(子单位)工程质量验收合格应符合下列规定：单位(子单位)工程所含分部(子分部)工程的质量均验收合格，质量控制资料应完整，单位(子单位)工程所含分部(子分部)工程有关结构安全及使用功能的检验资料应完整，涉及管道严密性、位置及高程等工程结构安全和主要使用功能项目的检测结果应合格、观感质量验收应符合要求。

2. 质量控制资料核查

竣工验收中的质量控制资料核查是指对建设项目的施工过程中产生的质量控制文件和记录进行审核和验证，以确保项目符合相关的质量标准和规范要求。在质量控制资料核查中，监理单位或质检部门会对施工单位提交的各类质量文件进行仔细审核。

质量文件包括工程竣工验收备案表，工程竣工验收报告，工程施工承包合同，规划许可证及其他规划批复文件，施工许可证或开工报告，工程质量监督手续，施工图设计文件审查意见，建设单位出具的《工程竣工验收报告》，设计单位监理单位出具的《竣工移交证书》和《工程质量评估报告》，施工单位出具的《工程竣工报告》、质量检测和功能性试验资料、单位工程验收文件、单位工程质量评定文件、验收人员签署的竣工验收原始文件，法律、行政法规规定必须提供的其他文件，重大质量事故的报告等。质量控制资料核查是竣工验收过程中的重要一环，通过对施工过程中产生的质量文件和记录的仔细核查，可以确保建设项目在质量方面符合相关要求，从而提高工程的质量可靠性和持久性。该过程的严谨性和准确性对于确保工程质量、保障用户权益具有重要意义。

3. 竣工验收

1）基本要求

雨污混接改造项目竣工验收应当具备下列条件：

（1）完成雨污混接改造工程设计和合同约定的各项内容；

（2）有完整的雨污混接改造技术档案和施工管理资料；

（3）有雨污混接改造使用的主要建筑材料、建筑构配件和设备的进场试验报告；

（4）有勘察、设计、施工、工程监理等单位分别签署的质量合格文件；

（5）有施工单位签署的工程保修书。

2）闭水试验

对雨污混接改造项目进行闭水试验的主要目的是检验改造后的排水系统的质量和性能，确保其能够有效地运行并满足设计要求。闭水试验是通过将排水系统封闭并注入一定量的水来模拟实际使用情况，进行各项检测和评估。

闭水试验的首要目的是检测系统的漏水情况。通过将排水系统封闭并注入水，可以观察和检测系统在一段时间内是否存在水位下降或水漏出的情况，帮助及时发现并解决潜在的漏水问题，确保排水系统的完整性和密封性。此外，闭水试验还能评估系统的排水性能。通过模拟实际使用条件下的排水情况，包括水位变化、排水时间等参数的测量，从而评估排水系统的性能是否满足设计要求，主要包括排水能力和排水速度的测试，以确保排水系统能够有效地排除雨水和污水，防止积水和堵塞问题的发生。排水系统的性能评估是确保项目能够满足设计目标和使用需求的关键环节。通过观察和记录闭水试验过程中的各种数据和现象，可发现潜在的问题和不足之处，并及时采取措施进行调整和改进。

《给水排水管道工程施工及验收规范》中特别规定：“污水、雨污水合流管道及湿陷土、膨胀土、流砂地区的雨水管道，必须经严密性试验合格后方可投入运行。”

闭水试验法应按设计要求和试验方案进行。试验管段应按井距分隔，抽样选取，带井试验。无压管道闭水试验时，试验管段应符合下列规定：① 管道及检查井外观质量已验收合格；② 管道未回填土且沟槽内无积水；③ 全部预留孔应封堵，不得渗水；④ 管道两端堵板承载力经核算应大于水压力的合力；除预留进出水管外，应封堵坚固，不得渗水；⑤ 顶管施工，其注浆孔封堵且管口按设计要求处理完毕，地下水位于管底以下。管道闭水试验应符合下列规定：试验段上游设计水头不超过管顶内壁时，试验水头应以试验段上游管顶内壁加 2 m 计、试验段上游设计水头超过管顶内壁时，试验水头应以试验段上游设计水头加 2 m 计、计算出的试验水头小于 10 m，但已超过上游检查井井口时，试验水头应以上游检查井井口高度为准。管道闭水试验时，应进行外观检查，不得有漏水现象，且符合下列规定时，管道闭水试验为合格。

闭水法试验应符合下列程序：试验管段灌满水后浸泡时间不应少于 24 h；试验水头应按规定确定；当试验水头达规定水头时开始计时，观测管道的渗水量，直至观测结束时，应不断地向试验管段内补水，保持试验水头恒定。渗水量的观测时间不得小于 30 min。

3）闭气试验

闭气试验是一种测试排水系统密封性和泄漏问题的方法，通常用于管道系统的检测。闭气试验是通过将排水系统的出口封闭，并向其中注入空气或气体，增加系统内部的气压，然后观察是否有气体泄漏或压力下降的情况，从而检测系统中是否存在管道接口、连接处、阀门等位置的泄漏问题，以确保排水系统的密封性符合要求。通过闭气试验可以发现并解决潜在的漏气问题，防止污水外泄或雨水入侵等情况发生。《上海市工程建设规范城镇排水工程施工质量验收规范》中引入了《给水排水管道工程施工及验收规范》(GB 50268—2008)中闭气试验的方法。

闭气试验合格标准应符合：规定标准闭气试验时间符合的《给水排水管道工程施工及验收规范》规定，管内实测气体压力 $P\geqslant 1\,500$ Pa 则管道闭气试验合格。被检测管道内径大于或等于 1 600 mm 时，管道闭气试验不合格时，应进行漏气检查、修补后复检。

闭气试验步骤应符合：对闭气试验的排水管道两端管口与管堵接触部分的内壁应进行处理，使其洁净磨光；调整管堵支撑脚，分别将管堵安装在管道内部两端，每端接上压力表和充气罐；用打气筒向管堵密封胶圈内充气加压，观察压力表显示至 0.05～0.20 MPa，且不宜超过0.20 MPa，将管道密封；锁紧管堵支撑脚、将其固定；然后用空气压缩机向管道内充气，膜盒表显示管道内气体压力至 3 000 Pa，关闭气阀，使气体趋于稳定，记录膜盒表读数从 3 000 Pa 降至 2 000 Pa 历时不应少于5 min；气压下降较快，可适当补气；下降太慢，可适当放气；最后在膜盒表显示管道内气体压力达到 2 000 Pa 时开始计时，在满足该管径的标准闭气时间规定，计时结束，记录此时管内实测气体压力 P，如 $P\geqslant 1\,500$ Pa 则管道闭气试验合格，反之为不合格；管道闭气检验完毕，必须先排除管道内气体；再排除管堵密封圈内气体，最后卸下管堵。

4）管道 CCTV 第三方检测

竣工后的管道应进行 CCTV 检测，以确保改造工程的质量和符合设计要求。CCTV 检测作为一项全面的检查方法，可以提供详细的管道信息，以便评估改造项目的实际效果和可靠性。首先，通过 CCTV 检测可以验证改造工程是否按照设计要求进行施工，确认下水道管道的连接是否正确、管道的坡度是否符合规范以及其他关键参数是否符合设计要求，从而确保改造工程在结构和几何特征方面与设计方案一致，保证工程的质量和可持续性。其次，CCTV 检测可以检查改造工程中可能存在的问题或缺陷，包括管道的破损、漏水、堵塞等，以避免在后续使用和运行中出现故障或影响排水效果的情况。最后，CCTV 检测还可以通过观察管道内部的流态情况、排水速度以及流体的排放效果，验证改造工程对于提高下水道系统的排水能力和效率是否取得了预期的效果，为验收提供客观的依据。

以下是与 CCTV 检测相关的常见管道缺陷点。

(1) 破裂：管道的外部压力超过自身的承受力致使管材发生破裂。其形式有纵向、环向和复合三种。

(2) 变形：变形管道的原样被改变(只适用于柔性管)。

(3) 错位：两根管道的套口接头偏离，未处于管道的正确位置。邻近的管道看似“半月形”。

(4) 脱节：由于沉降，两根管道的套口接头未充分推进或接口脱离。邻近的管道看似“全月形”。

(5) 渗漏：来自地下的(按照不同的季节)或来自邻近漏水管的水从管壁、接口及检查井壁流出。

(6) 腐蚀：管道内壁受到有害物质的腐蚀或管道内壁受到磨损。管道标准水位上部的腐蚀来自管道中的硫化氢所造成的腐蚀。管道底部的腐蚀是由于水的影响。

(7) 胶圈脱落：接口材质，如橡胶圈、沥青、水泥等类似的材料进入管道。悬挂在管道底部脱落的橡胶圈会造成运行方面的重大问题。

(8) 异物侵入：非自身管道附属设施的物体穿透管壁进入管内。

(9) 沉积：管道内的油脂、有机物或泥沙质沉淀物减少了横截面面积。有软质和硬质沉积两种

(10) 结垢：由于含铁或石灰质的水长时间沉积于管道表面，形成硬质或软质结垢。

（11）障碍物：管道内坚硬的杂物，如石头、柴枝、树枝、遗弃的工具、破损管道的碎片等。

（12）垂直变向：管道沉降或其他原因导致管道内部垂直方向发生改变。

（13）坝头：残留在管道内的封堵材料。

（14）水平变向：管道内水平方向发生改变。

5）其他验收内容

非雨天的工作日和非工作日，对完工后的小区雨水出口进行24h水量监测，不应发现有污水出流。

对于末端截流设施，应检测液位控制和阀门开关是否正常。

6）工程验收不合格处理方法

雨污混接改造项目验收不合格处理方法包括以下几个方面。第一，对于经过返工重做或更换管材的分项工程检验批，需要重新按照规范的相关规定进行验收。第二，如果经过具备相应资质的检测单位的检验鉴定，并证明该分项工程检验批能够达到设计要求，那么应该予以验收。第三，如果经过具备相应资质的检测单位的检验鉴定发现该分项工程检验批达不到设计要求，但经原设计单位核算认为能够满足结构安全和使用功能，那么也可以予以验收，并须提供设计单位书面的核算认可证明。对于经过返修或加固处理的分项、分部或子分部工程，虽然可能改变了外形尺寸，但仍能满足结构安全和使用功能要求，可以按照相关技术处理方案文件和协商文件进行验收。若通过返修或加固处理后仍不能满足结构安全或使用功能要求的分部或子分部工程、单位或子单位工程，则严禁通过验收。

4. 验收资料备案

建设单位应按规定及时将《重要部位、关键工序质量验收证明书》、单位工程质量验收记录、通水前验收报告等相关资料，报工程质量监督机构核备。雨污混接改造项目中所有单位工程已完工，且单位工程验收合格后，建设单位应组织雨污混接改造的竣工验收，并形成项目竣工验收报告。雨污混接改造项目竣工验收合格后，建设单位应按规定将工程项目竣工验收报告和有关文件，报相关行政主管部门备案。

第4章 项目运营管理

【本章导读】 雨污混接改造项目运营管理涉及多部门、多行为主体，具有运维难度大、周期跨度长等特点，存在较多不稳定因素，其运营管理关系到改造项目的成效。本章从三个方面对雨污混接改造项目的运营管理作出分析，主要内容包括：

（1）运营管理存在的问题；

（2）原因分析；

（3）对策建议。

4.1 运营管理存在的主要问题

4.1.1 信息化建设方面

1. 信息化管理体系不完善

虽然雨污混接改造已经被证实可以有效改善水环境的污染问题并有效地提高水资源的利用率，并且雨污混接改造管网建设正在稳步推进，逐步提升混接改造管网的覆盖率，同时相关配套设施以及相关联的服务等配套体系也较为成熟。但是，现有雨污混接改造的推广进程仍处于初级阶段，对比雨污混接改造的管理模式跟传统的合流污水管网系统建设管理模式具有较大的差异。信息化系统始终处于一个更迭的状态，雨污混接改造需要依赖的信息化水平明显高于传统的排污模式，当系统出现故障或者出现管理问题的时候，管理层必须基于实时情况讨论解决方案并作出决策。雨污混接改造项目在实际管理过程中，存在无法准确掌握污水的实时流量，数据存在滞后性的问题。同时，传统管道对污水与雨水无法进行有效分流。在雨污混接改造信息化服务管理系统中，许多工作人员将混接改造系统等同于合流系统。在实际管理过程中，管理功能和系统无法结合使用，不能同时产生效用，只有将各种管理功能相互结合使用才会更加有效，否则无法提高实际管理水平。

2. 信息孤岛严重

以往雨污混接改造项目的信息化管理系统的种类比较繁杂，各类项目的建设时间、建设背景、建设用途都不尽相同，各个区域雨污混接改造管道监控，信息系统使用的开发标准和数据标准没有一个统一的规范，信息化系统的标准化程度非常低，同时也造成了各个业务信息系统之间关联程度较低，区域间数据联动性较差，使用效率有待提高。雨污混接改造项目的参与方对运营数据缺乏统一的认识，各部门之间各自为战，协同工作的思想比较薄弱，信息传递受阻，导致现有不同的业务系统之间所产生的海量数据无法被有效的使用和共享，无法发挥这些数据的真正的价值，如果不能对这些数据进行整合、清洗并深入地分析与挖掘，那么将会严重影响雨污混接改造信息化平台的建设进程，会造成更多资源的浪费，甚至会偏离雨污混接改造管网信息化平台的建设方向，最终无法为雨污混接改造与建设工作提供科学的决策依据，也无法为雨污混接改造成效的监管提供支持。

4.1.2　应急管理体系建设方面

1. 应急管理预案主体联动不畅

雨污混接项目应急管理过程中，经常存在只针对本部门情况制订预案，而没有考虑在联合行动情况下的应急措施。在紧急事项发生时，缺乏统一指挥，各个部门无法及时联络，从实际情况来看，针对突发事件，各个主体间由于接收信息不同且对于同一突发事件处理的态度和重视情况不同，因此所采用的应急预案不一致，导致治理效果不理想。此外，缺少统一的领导，在事故处理过程中各自为政，抢修现场容易出现混乱的情况，影响整体应急救援效率。总的来看，由于当前城市用水量不断攀升，排水系统面临的排污压力也日渐增大，排污系统发生故障的情况也随之增多，如不能及时、有效地进行处理，会严重影响人民群众的日常生活。

2. 应急抢修人员经验与新技术融合不到位

随着雨污混接改造应急管理过程中信息技术水平不断进步，智能化、信息化的应用场景越来越广泛，新员工在新技术上的应用的优势通常比较突出，对新的应急理念接受程度比较快。老员工虽然拥有丰富的现场抢修经验，但是往往无法将维修经验系统化、理论化，不便于知识的传递与分享。此外有的老员工过于突出经验的重要性，对于一些新的技术与理论存在排斥心理，因此影响了抢修工作的创新。雨污管道维修需要扎实的理论功底与丰富的现场处置经验，然而，抢修人员要么理论基础丰富，要么实战经验丰富，无法做到二者兼顾，统筹规划。这样导致在管道抢修过程中产生很多的分歧，维修不够顺畅，配合效率不够高。

4.1.3 长期监管机制方面

1. 住宅小区

长久以来，住宅小区缺乏部门监管，导致项目完工后缺少必要的维护与定期检查，居民将生活污水直接排放进公共排污系统，已成为污水处理的“老大难”问题。但小区混接改造工作量大、施工条件限制多、改造成本高，又面临体制机制难题，新建小区雨污改造管道质量也是良莠不齐。另一方面，改造完成后的小区长效管理也是薄弱点，尤其是以下几个问题的存在，会造成雨污改造管道后期维护困难甚至丧失功能。一是部分小区排水设施的维护主体不够明确。大多数的小区均明确了小区排水的维护主体，小区排水服务包含在物业服务当中，但是物业认为排水服务是传统的排污管道维护，管道改造后的维护会增加物业运营成本，导致水管的日常维护无法得到落实。二是部分小区尤其是老旧小区，仍然保持传统排水方式，社区街道对此排污管道改造项目宣传不足。三是部分小区排水设施维护技术手段比较落后。小区排水设施维护的技术手段总体不够高，多为人工疏通，机械化疏通比较少，装备比较落后，维护质量良莠不齐。四是缺乏小区排水设施养护管理相关技术标准，虽然有关部门于 1996 年制定了《上海市排水管理条例》，并分别于 2001 年、2003 年、2006 年和 2010 年进行了四次局部修正，建立和完善了上海市城市排水工作的法规制度，但是各个小区对条例的熟悉程度不一。此外，随着新情况的出现，当初的排放标准已无法满足当下相关工作开展与监管的条件。

2. 沿街商铺

沿街商铺尤其是餐饮门面执法问题十分突出。以餐饮行业与洗车行为例，二者都有大量的排水排污需求。在进行商业行为时往往由城管部门和环保部门执法，但执法过程的复杂性往往体现在执法主体不明、取证难度大、立案周期长等方面，通过综合执法手段督促其进行雨污混接改造协调配合难度又更大。

4.2　运营管理存在问题的原因分析

4.2.1　年代差异

随着生态环保要求的不断提升，出现污水排放不规范，污水排放不达标的现象，是必然的结果。上海市早期采用合流制管道，对雨水和污水合并处理，旱季时，污水处理量是能够与处理能力相匹配的，随着用水量的逐年提升，以及环保标准的不断完善，20 世纪 80 年代后，分流制管道，逐渐成为主流，后期建设的排水系统均是分流制，也逐渐将原有合流制系统改为分流制。由于早期管网的设计方案，存在时代背景的特征，同时部分管网设计的图纸遗失或者损坏等，改造难度大。另外随着工艺和建设水平的逐渐提升，旧时技术的弊端就会显现。一是原有设计标准不高，如部分小区设计采用合流制；阳台没有单独设置污水管道；管材质量和施工标准偏低等。二是施工水平不高，管道铺设并未严格按照施工标准。三是居民对原有排污管道私自改装，导致管道盘根错节。四是对社会经济发展估计不足，虽然商业活动增多了，但是配套缺失。

4.2.2　后期维护滞后

部分小区混接管道改造完成后，后期运行不稳定、维修不及时。运维单位回访周期不固定，管道的日常维护往往由小区或街道物业负责，而他们缺乏管道维护的基本技术，往往需要专业的运维单位派人维修，部分站点缺乏专门的维修设备和备用物料，无法满足日常巡检、清理、维修需要，容易出现无人管护、管网漏损、设备"瘫痪"问题，导致小区的报修诉求无法及时响应。部分虚接漏接的问题整改缓慢，直接影响了设施处理成效。此外，近年来各级财政压力较大，排水管道养护经费一般不能足额拨付，相关到的养护企业利润减少，购置新型设备存在资金壁垒，导致对破损的排水设施缺少及时发现的手段。沿街商户的商铺缺少专业的排水知识，为了节约开店成本，一般都是直接将污水管就近接入路边的公共排水系统，被排水管理单位制止后，他们又会趁夜偷偷施工，只需要将人行道砖挖开敷设软管即可，隐蔽性强，违法成本低，屡禁不止。

4.2.3 部门职责交叉

改革前，上海建设行政主管部门不仅负责污水处理设施的建设工作，还负责水处理设施的行业管理工作。但由于长期的"重建设，轻管理"的思想和污水处理设施发展较为缓慢的实际情况，致使污水处理行业管理的措施与手段较少、污水处理运营管理过程监管与控制较差。后期，上海成立水务局专门负责涉水业务；经各区(县)政府确认，本辖区水务主管部门为所辖区域污水处理设施运维的主管部门。同时，商铺的经营范围与排水系统是不匹配的。市场监管局为商铺颁发经营执照时往往关注注册资金以及商铺的经营范围，但是对商铺的排水问题不是十分重视，从行政许可的法律角度，无须了解相关情况或征求意见。多数商铺为节省经营开支，在排水管道的铺设与施工方面往往是忽视的，排水系统只要能满足他们的日常经营活动即可。同时，也给污水处理运营企业留下了较大的操作空间，不利于污水处理行业管理工作深入开展，须进一步明确污水处理管理部门的主体职责和管理权限。

4.3　运营管理相关对策与建议

4.3.1　做好信息收集与数据分析

利用信息化平台，对关键管道、污水流量、污染物含量、污水排放量、管道状态、雨水流量进行分析。通过监控、传感器信息反馈及时进行信息收集和分析，对存在管道堵塞或者破损的潜在风险进行提醒，问题严重时直接派遣维修团队。同时，也需要加强管道本身以及与管道相关设备的养护与管理，保证信息化平台能够正常运转，通过数据反馈及时发现并解决问题，避免造成不可挽回的损失。

4.3.2　加强对事故处理的管理

信息化平台的数据反馈，可以为管道运维公司提供更丰富的信息资料，不仅可以体现运维公司的专业性，还可以提升公信力，信息化管理平台的运用可以为改造后的管网运行过程中遇到的问题提出解决办法。利用信息化平台不同功能将各类问题进行归类总结，与网络互联，对各类问题提供专业的知识解答，为一线的工作人员提供处理问题的数据支撑，充分利用信息化平台的及时性、专业性，为处理突发事件，在网络上提供相关的问题解答，让互联网信息化技术可以被充分利用。

4.3.3　构建信息共享体系

构建完善的信息共享平台可以使各运维公司内部通过信息共享，提升各部门之间联合行动的默契度，使管网的后期运维更加高效便捷。各职能部门通过本平台的网络端口向共享平台上传数据，为运维公司在管理方面提供客观准确的科学管理数据，同时完善信息化平台关于管网信息实时更新的功能模块，保障运维公司能够及时了解各个管网的运营情况，特别是核心区域的流量、污染物信息等，从而及时掌握管网的具体情况。以混接改造管网的抢修为突发事件，建立相关的突发事件应急预案处理信息库，使消息通过平台传送到最近的服务网点，通过平台反馈的信息，使运维公司最快速度采取措施，并减少损失，扩充信息化平台大数据库的数据。

4.3.4 建立管网突发事件响应机制

运维公司建立应对突发事件的响应机制，避免抢修过程中，各个部门间各自为政，对突发情况无法达成统一。要将参与应急事件处理的各个部门和管理机构相融合，包括市场监督局、路政部门、区应急办、信息处、公安局、地方应急、城管、地方住建等部门。当发生重大突发事件时，各部门对收集到的信息发布到智慧高速智能化救援信息共享平台上，再由专门的信息管理员对这些信息进行分析整合，制订合理的应急管理策略，以便于各部门能对应急事件有一个统一的认识，能够准确地判断事件的等级，进行统一的人力物力调配，从而保障应急救援行动能够统一实施，实现高效联动处置，提升管网的抢修效率。同时在管网突发事件机制的建设过程中，要不断收集各个参与单位以及部门对信息平台的需求，完善各个信息管理模块，对应急事件的处理流程不断地进行优化，构建一个全面的、便于使用的信息化共享平台。由于应急事件处理的紧急性，需要平台运维部门加强对该平台的日常运营维护，确保安全应急管理信息化系统平台功能的运行稳定。

4.3.5 提升运维人员素质

随着雨污混接改造项目的持续推进，新问题、新情况会不断出现，运维团队人员综合素质也需要不断提升。在实践中，尤其要做好运维团队新老员工之间的传承。新员工理论水平高，了解新的管网运营理论，但大多缺乏实际操作经验，难以应对管网实际维修与保养。老员工在管网养护方面经验丰富，具备专业技术水平，但可能学习新知识的意愿不强，他们更依赖现场经验，面对新情况可能较为被动。新老员工合作时可能会意见不一致，影响管网维护效果。针对以上问题，运维公司需要对一线抢修人才队伍进行整体素质的提升。对于新加入的员工，需要对他们加强实际操作技能培训，提升他们的实操专业水平。对于老员工，主要是提升他们的思想，结合先进的理论以及新理论的实际应用场景，使他们能够认识到只有高效利用现代科学技术发展所带来的红利，才能提高养护工作的服务质量。

4.3.6　加强设备维护

要强化设备的管理与检验。运维团队要对管道、水泵、污水收集装置等装置进行定期的检查与养护，技术人员必须熟悉有关标准，并熟悉有关的检测技术。对于那些在应急抢修工作中发挥重要作用的设备进行特殊管理，同样也需要对特殊设备进行定期检修，并将设备的使用数据和日常维护保养数据传入到信息化平台，对设备的性能以及运转情况做跟踪，全面了解设备的使用性能，以便于在使用时能够高效运转，为应急管理工作提供重要的保障。所有的检验设备都应建立起一个完整的档案，并由专门的人员对有关的仪器进行管理，包括仪器的校准、保管和校准。既可以提高设备的使用效率，也可以延长管网的使用寿命。

4.3.7　明确政策条款

雨污混接改造项目需要多个相关部门的协同推进，也需要社会公众的全面参与和配合。但在实施过程中，还是主要依靠相关部门出台政策性文件，指导推进方向，政府主导了几乎所有的雨污混接改造工作，但是相关的法律法规体系还不健全，无论是《环境保护法》还是《水污染防治法》，均只对生活污水治理活动作了原则性表述。现阶段政府对雨污混接综合治理责任主要有财政责任、制度责任、监管责任和社会整合责任。水环境治理的政府责任应该在坚持财权与事权统一、政府主导与责任分担统一、制度设计、监管与实施合理分离、政府引导与社会参与相结合的原则基础上，建立长期有效的治理体系。

4.3.8 加强政策宣传

准确把握舆论导向，向居民们介绍雨污混接改造项目能够给他们生活带来的变化，积极宣传混接改造的环保作用，引导他们发现问题、反馈问题，把社会各方力量，汇聚到雨污混接改造工程这项造福群众，惠及人民的民生工程当中。群众对雨污混接改造项目的认知程度有赖于政策宣传。可以采取多样化的方式，比如通过传统的电视、报纸等渠道，或者依托社交媒体，制作更多群众喜闻乐见的优秀政策宣讲作品，加大投放力度。也比如可以在街道或者小区中散发传单，张贴标语、办宣传栏等，加大面对面的宣传教育。一是要切实尊重人民群众对雨污改造项目的知情权、参与权、监督权，在项目前期的各个环节，要充分考虑群众利益；二是要广泛听取居委会、业委会的意见，发动群众自觉参与，取得群众的理解和支持，最大程度地减少和避免项目推进过程中出现的矛盾和问题；三是要充分发动群众，引导居民积极关注混接改造管网的运行状况自觉爱护排水设施。居民是雨污混接改造管网的真正使用者和受益者，所以要帮助居民树立主人翁意识，增强自我爱护意识，形成自己的家园自己管、自己护、自己爱的氛围。要切实增强居民的认可度和满意度。

4.3.9 制订考核监督体系

有关部门可以结合水环境保护法规，明确考核指标，根据各区雨污混接综合运维年度计划及工作推进情况，对各辖区进行考核，确保雨污混接改造工程发挥作用。

市政府对各区政府开展雨污混接综合整治落实工作进行考核，市水务局和市住建部门同市发展改革委、市财政局、市环保局、市国资委、市工商局、市城管执法局、市公安局、相关科研机构组成考核组，负责具体组织实施。

为使考核工作量化、具体化，建议考核分为指标考核和工作考核体系，同时应以河道水质是否达标作为附加项考核指标，考核工作通过雨污混接调查和改造管理系统数据录入情况的方式进行考核。工作考核分为综合监管执法和长效管理机制两部分，综合监管执法为采取专业执法与部门联动执法相结合，形成联合执法、协同执法的工作局面；长效管理机制包括建立雨污混接综合整治协调推进机制、健全信息化管理手段、加强排水设施运维管理、加强公众参与和接受社会监督等四方面。附加项考核各区主要河道水道污染情况，主要污染物数值情况，集中污染区域面积。各区政府要建立本辖区内雨污混接综合整治工作考核指标的考核体系，将雨污混接综合整治工作指标和主要任务纳入河长制考核内容，加强组织领导，落实管理措施，严格监督管理，确保如期完成各项目标任务。各区政府按照年度水污染治理考核标准撰写雨污混接改造项目情况评述，以及本年度指标完成进度，总结年度工作中遇到的困难，并提出解决意见。市水务局对各区混接改造情况进行现场复核，组织各区雨污混接改造项目召开碰头会，听取各区负责人相关报告，为下一年的考核确定指标。市水务局开展“回头看”行动，结合上一年各区的不足之处，根据改善情况，对各区雨污混接综合整治工作进行评分并给予反馈意见，报市政府审定。年度考核结果由市水务局和市住建委报市政府审定后予以公告。对考核成绩优秀的区进行奖励，考核成绩较差的区予以批评通报。对在考核工作中瞒报、谎报的区政府，予以通报批评，对直接责任人员依法追究相关责任。

4.3.10 加强人力资源管理

明确绩效，赏罚分明。设立工程考核小组，在明确责、权、利的同时，有利于调动各责任者的积极性，与成本分析结合，实行奖惩考核。工程考核小组结合工程特点，对工程项目考核的时间、方法作出合理、明确的规定，并与施工队签订合同。在运维过程中，对各工程组的工作情况进行考核。根据工人的工作表现、工作效率情况作出奖惩决定。突出强调奖罚兑现的时效性，不延期兑现；突出奖惩政策的刚性原则，赏罚分明。由各施工队根据工程特点以及工人数量，合理预估施工时间。每月由财务组，根据工程管理组上报的各运维团队工程实际完成量及工程质量，拨发人工费用。如出现工期比预定工期延后，根据延后程度拨发经费，如某施工队一月内只完成计划工期的70%则按实际费用拨发；如超额完成计划工程量且无质量问题，则按超出比例拨发费用。

4.3.11 建立长效管理机制

住宅小区雨污混接改造后的长效管理机制建议参考以下两种形式：一是“政府—房地产或物业管理公司—专业服务公司”的形式。在这种形式下，政府将其拥有的公共房屋，以招投标等方式，委托给房地产或物业管理公司管理，政府与物业管理公司之间属于委托代理关系。对于物业管理公司而言，管理中的具体业务内容可以自行设立机构承担；也可部分或全部委托专业的服务公司承担，自己仅负责组织管理。二是“业主、业主团体—房地产或物业管理公司—专业服务公司”的形式。在这种形式下，业主或业主团体通过招投标等方式，将管理业务委托给房地产或物业管理公司，业主或业主团体支付各种管理服务费，双方是一种经济合作关系。物业管理公司同样也可自设机构管理具体的事务，也可将部分或全部业务内容委托给专业服务公司承担，自身仅负责物业管理的组织实施。

4.3.12 明晰政府部门治理责权

目前，我国的雨污混接改造项目的资金来源主要靠政府投资，其运营和管理也主要靠政府的力量。政府作为投资和运营的主体，一方面政府资源有限无法涵盖所有的雨污混接改造项目；另一方面，这种政企不分、权责不明的模式容易导致工作效率低下，对新技术开发的积极主动性也比较低。因此，雨污混接改造项目的市场化，是十分必要的。引入民间资本参与市政工程建设，是市场化的标志。我国改革开放以来，越来越多的民营力量不断壮大，逐渐有实力参与这种前期投资大的基础设施建设的行业。可以考虑开放投融资模式，允许更多的民营力量进入这个行业中来，充分利用民营资本的力量，逐渐形成较为完善的市场竞争机制，使雨污混接改造产业化。

1. 明确和完善政府职能

在市场化的过程中，政府的角色正在从一个集管理者、投资者、运维者三合一的身份中抽离出来。改造项目的市场化，要求政府把微观主体的经济活动交给市场调节。有国资背景的建设单位与市场上拥有相关资质的建设单位共同竞争，营造良好的市场环境。随着社会主义市场经济的发展，尤其是国有经济布局的战略性调整和国有资产管理体制改革，政府的管理职能必须和污水处理厂的出资人职能分开，使得政府与国有企业在市场中的角色混淆现象得到改变。现代产权制度的建立也将使政企不分、政社不分、政事不分的现象有一定改变。现阶段，政府仍然是污水处理行业的主要力量，同时对市场竞争秩序维护“缺位”，影响了市场交易的顺利进行。把经济活动的调控交给“看不见的手”，在保证工程质量的同时，提供各类市场主体自由竞争、公平交易的市场环境，让市场主体分散决策并独立承担经济后果和社会影响，政府专注于市场环境和市场秩序维护的有限理性思维，更有利于雨污管道改造项目市场化的发展。

2. 加强监管

一是在监管中要将雨污混接管道与建设者运维者放在一起监管：政府监管必须坚持保护水资源，净化水环境的要求去监管改造项目，重点监理工程建设是否符合国家规范，调试运行是否符合环保要求，项目出水各项指标是否稳定达标。对于污水截流管网的监督需要强调工程质量以及后续维修、保养等，保证污水截流管网能够正常运行。但污水处理设施具有点位多、面积广、线路长、可长期连续运行的特点，依靠传统的监管很难全面监管它们的运行，并达到预期的效果，因此，有必要积极引入数据库、物联网等现代技术手段。一方面，可以及时发现问题并给予有效的处理和解决，以免延误导致重大事故；另一方面，现代化设施有助于进行数据的实时采集和监督，留存基础运行数据，增强设备运行中的公开性、透明性，确保监督的客观、公正、顺畅。二是组织社会力量参与工程监理。通过制订相关的市场规范，积极推动市场良性竞争，健全的市场竞争规则有助于行业发展，提高公众的环保意识，积极探索社会组织参与工程监理的方式，更好地发挥社会力量运行监管的作用。

3. 明确责任义务

一是要落实各项措施牵头单位责任。各项政策措施的牵头单位即是该政策落实情况的责任主体。在雨污混接改造的项目中要始终明确改造方向，项目目标，抓好政策执行的具体协调推进。要定期梳理政策执行的情况，具体问题具体分析，找到问题的病灶，对应到各配合单位的具体落实情况，加强过程协调和统筹。要建立专门的工作机制、压实责任专人推进，定期检查督促，主动破解政策实施遇到的障碍。二是要加强属地责任的落实，强化层级之间的沟通。上级领导要定期听取下级政府的工作进度和工作计划，及时掌握政策执行过程中的真实情况，监督工程推进情况，为基层政府夯实属地责任提供更多政策资源。

第5章

项目风险管理

【本章导读】 雨污混接改造项目是一项综合性、复杂性的系统工程，涉及多方利益相关者、多种环节和技术及整个排水系统的改造和优化。因此，雨污混接改造项目的风险管理尤为重要。业主方可以通过风险管理理论来有效管理风险。在识别项目的风险之后，通过风险评估认识风险，制订合理有效的措施应对风险，妥善处理风险所导致的不良后果和影响，最后，对风险管理的效果进行监控和反馈，从而保证项目总体目标的实现。本章主要内容包括：

(1) 雨污混接改造项目的风险管理框架；

(2) 风险识别的内容、方法、步骤；

(3) 风险评估的详细方法；

(4) 风险应对的几种策略；

(5) 风险监控的内容、方法。

5.1　风险管理框架

雨污混接改造项目通常分为四个阶段：立项、准备、实施和验收运营。在这些阶段中，需要做出恰当的风险管理以确保项目的成功完成。根据雨污混接工程项目的具体特点和风险管理的一般流程，本节提出针对雨污混接项目的风险管理框架，见图5－1。具体来说，雨污混接改造项目的风险管理包括四个流程：风险识别、风险评估、风险应对、风险监控。在雨污混接改造项目的实施过程中，风险管理过程是至关重要的。该过程贯穿整个项目的实施，旨在实时监控、评估和控制项目所面临的各种风险。因此，风险管理的过程是动态且循环不断的。具体包括以下几个步骤：

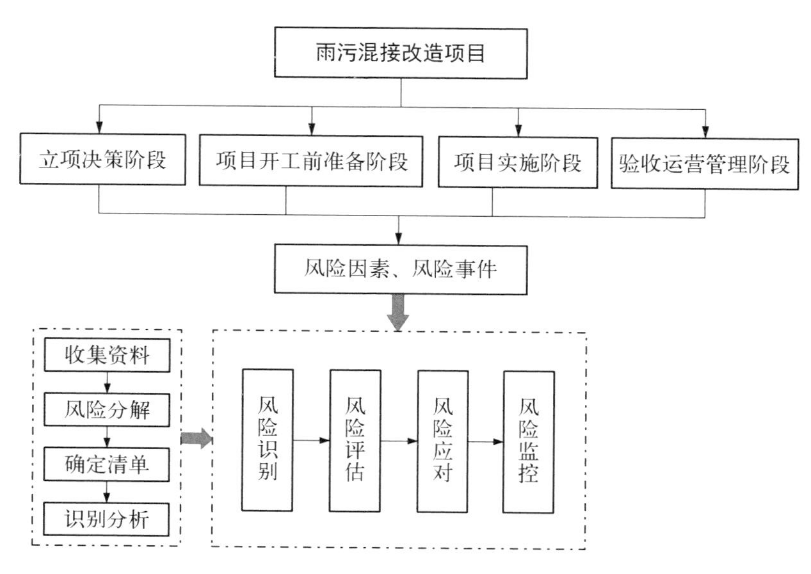

图5－1　雨污混接改造项目风险管理框架

来源：作者绘制

（1）风险识别。收集与工程项目相关的各种信息，通过观察、调查研究、专家意见、实地踏勘、参考相关资料及数据统计等方法，对与项目相关的所有因素进行初步汇总和分析。与此同时，结合雨污混接改造项目的特点，找出与项目相关的所有潜在风险，并对因此可能带来的风险后果作出初步度量。

（2）风险评估。对工程项目的各个方面进行全面的分析和评估，识别出可能存在的风险因素，包括技术、经济、环境等方面。主要通过专家调查法等方法，对雨污混接改造项目涉及的风险进行定性分析，并对风险概念和风险事件的不同程度后果进行定量估计，并初步作出对工程项目影响大小的估计。

（3）风险应对。根据风险评估的结果，对雨污混接项目计划并安排相应的风险应对措施和资源，并且前置考虑由此应对措施可能带来的收益风险等。具体可以采取的措施包括风险规避、风险转移、风险减轻、风险接受、风险恢复。通过对雨污混接项目中的风险进行有效的应对和管理，可以最大限度地保障工程项目的安全和顺利实施，同时降低工程项目的风险成本和不确定性。

（4）风险监控。是指在雨污混接项目实施过程中，对已经识别出的风险进行持续的、全面的监控和控制，以确保项目风险得到及时有效的管理和应对。可以采取风险监测、风险报告、风险预警、风险跟踪等方式，对已经采取的风险应对措施进行跟踪和评估，及时调整和完善管理策略和措施，确保项目风险得到持续有效的管理和控制，最终保障项目的顺利实施和成功交付。

在雨污混接改造项目的风险管理过程中，每一步都与其他步骤相互关联和影响。因此，风险不可能被完全识别，分析也可能存在误差。为了实现风险管理的目标，需要不断重复风险管理过程，并尽可能将所有风险纳入业主方的掌握之中。这样才能确保整个项目的风险得到有效管理和控制。

5.2　风险识别

在应对风险的过程中，首先需要进行风险识别。这是风险管理的基础，通过对尚未发生、潜在或即将发生的各种风险进行系统、持续的鉴别、归类和整理，可以制订出相应的风险管理计划方案和措施，并将加以应用于实践。因此，风险识别是风险管理的首要步骤，必须认真对待。

5.2.1　风险识别内容

风险识别是风险管理中的关键步骤，其基础在于过去完成的雨污混接改造项目的历史数据、实际经验和人员对风险的洞察力。在不同的建设项目中，建设内容、要求和工期都不尽相同，即使在相似的项目上，类似的风险也未必重复发生。因此，风险识别的准确性在非常大的程度上取决于项目实践人员的经验和洞察力。为了有效地进行风险识别，需要对项目进行全面的分析和评估。首先，需要识别可能引起风险的主要因素，包括项目的目标、范围、进度、成本、质量、安全等方面。其次，需要确定风险的性质，包括概率、影响程度、可能性等。最后，需要评估可能引起的后果，包括经济、社会、环境等方面的影响。在风险识别的过程中，项目实践人员需要充分发挥自己的经验，结合实际情况进行分析和判断。同时，还需要充分利用历史数据和现有的技术手段，以提高风险识别的准确性和可靠性。因此，风险识别是风险管理的基础，对于每一个雨污混接改造项目来说都是至关重要的。通过全面的风险识别，可以为后续的风险管理工作提供有力的支持和保障。

5.2.2　风险识别方法

由于雨污混接改造项目内容广泛，包括市政混接改造、住宅小区混接改造、企事业单位混接改造等不同类型的工程项目，因此在进行风险识别时，业主方及相关部门需要根据项目性质、规模和技术条件等因素，选择多种方法和途径来辨识所面临的各种风险，并加以分类。为了全面地识别潜在风险，业主方及相关部门需要收集整理过往资料、进行调查、问询以及现场观察等多种途径获得信息。针对雨污混接改造项目的特点，结合风险管理中的风险识别方法，总结出常用的风险识别方法主要有以下几种。

1. 图表检查法

1）检查表法

检表法是项目管理中一种常用的数据记录和整理工具。在进行雨污混接改造项目的风险识别时，可将潜在的风险因素列于一个表格中，供识别人员进行检查核对，以判断项目是否存在该表格中所列或类似的风险。该表格所列出的内容是人们在先前的工程项目管理经验中，或是类似的工程项目实践中，对工程项目中可能出现的风险因素所作的归纳、总结。这些归纳、总结的资料恰好是识别工程项目风险的宝贵资料，因此可以将这些资料整理成表格，并将当前工程项目的建设环境、建设特性、建设管理现状等因素进行比较，分析可能出现的风险。

2）财务报表法

财务报表分析法同样隶属于图表检查法，但具有其独特性。该方法以会计记录和财务报表为基础，强调对每个会计科目详细剖析，从而确定其可能产生的潜在损失，最终针对不同会计科目的研究结果来提出报告。除此之外，风险管理人员还须利用调查、法律文件等其他信息来完善这些财务记录。通常来说，财务报表分析法具有很高的可靠性和客观性，并且在资料获取方面也较为简单容易，文字表述清晰简洁。该方法最终将识别到的风险以财务术语的形式体现出来，供风险管理人员使用。因此，财务报表分析法是识别雨污混接改造项目费用成本风险的一种有效方法。

2. 主观调查法

1）德尔菲法

德尔菲法可被用于风险识别中，以确定潜在的风险因素和可能的影响程度。具体来说，德尔菲法可以通过以下步骤进行：① 确定参与讨论的专家组。这个专家组应该包括与雨污混接改造项目风险相关的各个领域的专家，例如技术、法律、财务等。② 提出问题。使用开放式的问题来引导讨论，让专家们自由发表意见。问题应该明确、具体、可衡量，并且需要涵盖所有可能的风险因素。③ 收集意见。将问题发送给专家组，让他们在规定的时间内给出自己的意见和建议。为了确保匿名性，可以使用电子投票系统或在线调查工具来收集意见。④ 分析结果。收集到所有意见后，对它们进行归纳和分析。可以使用统计方法来确定哪些意见出现的频率最高，哪些意见被认为是最有价值的。⑤ 生成报告。根据分析结果生成报告，总结出潜在的风险因素和可能的影响程度。报告应该清晰地说明每个风险因素的重要性和影响范围，并提供建议来减轻这些风险。通过德尔菲法进行风险识别可以帮助业主更好地了解雨污混接项目中存在的风险。

2）头脑风暴法

头脑风暴法是一种基于专家小组的创造性思维方法，旨在通过专家会议获取未来信息。专家会议的主持人在会议开始时，一般会进行发言介绍会议主题，以此来激发专家们的思维源泉，使得他们更加有效地响应会议所提问题。通过专家之间的思维碰撞、信息交流、从而有利于专家们产生“思维上的同频共振”，从而实现互相补充，甚至产生一加一大于二的效应，这将有利于头脑风暴中产生更多的信息，从而提高风险预测和识别的准确性。因此，头脑风暴方法特别适用于雨污混接改造项目在投资决策阶段的风险分析中。

3）分解分析法

分解分析是一种常用的项目风险识别方法，它将一个大的风险因素分解成更小的组成部分，以便更好地理解和管理。以下是分解分析的一般步骤：① 确定需要进行分解的风险因素。② 将风险因素分解成多个组成部分，每个部分代表一个可能的风险点。③ 对每个部分进行详细的分析和评估，确定其可能的影响和概率。④ 根据每个部分的风险影响和概率，制订相应的应对措施和风险管理计划。⑤ 对整个风险因素进行综合评估，确定其总体风险水平和优先级。需要注意的是，分解分析需要充分考虑风险因素的复杂性和多样性，同时需要与团队成员和利益相关者进行充分的沟通和协商，以确保分解结果的准确性和可行性。此外，在进行分解分析时，也需要充分考虑时间、资源和成本等因素，以确保分析过程的高效性和实用性。

5.2.3 风险识别步骤

1. 资料收集

收集现有的雨污混接改造工程项目的资料，结合此类工程特点，以及雨污混接改造项目实施各环节中所涉及的历史资料，如项目建议书、可研报告、招标投标文件、设计文件、施工文件，以及相应的法律、法规等文件，全面系统地收集整理现有项目的资料。

2. 风险分解

将雨污混接改造项目分解为若干个子系统，这些子系统可以代表项目所涉及的风险方面，并且具有完备性和准确性，具体在实践中，可以按以下几种维度进行风险分解。

（1）按照目标分解：即依据雨污混接改造项目的具体管理目标进行分解，包括质量、成本、进度等目标。

（2）按照项目阶段分解：根据雨污混接改造项目的实施阶段进行分解，包括投资决策阶段、项目开工前准备阶段、项目实施阶段，以及竣工验收和运营管理阶段。

（3）按照项目构成分解：可以分为项目总体、单体项目、分部分项项目、任务等。

（4）按照风险涉及因素分解：可以分为技术方面、外部环境、法律因素方面等。

3. 风险清单确定

根据雨污混接改造项目的实施阶段，对风险进行分解，从而初步确定项目所涉及的风险，如图 5-2 所示。

4. 风险识别

对于雨污混接改造项目中的风险，应进行分类并建立科学的风险记录表，以便项目参与者更系统全面地了解风险，清楚明确地掌握风险的情况。针对不同类型的风险，应进行科学识别、评估和管理风险。这样可以使业主方在管理风险时更有针对性，有利于达到预期的风险管理效果(图 5-2)。

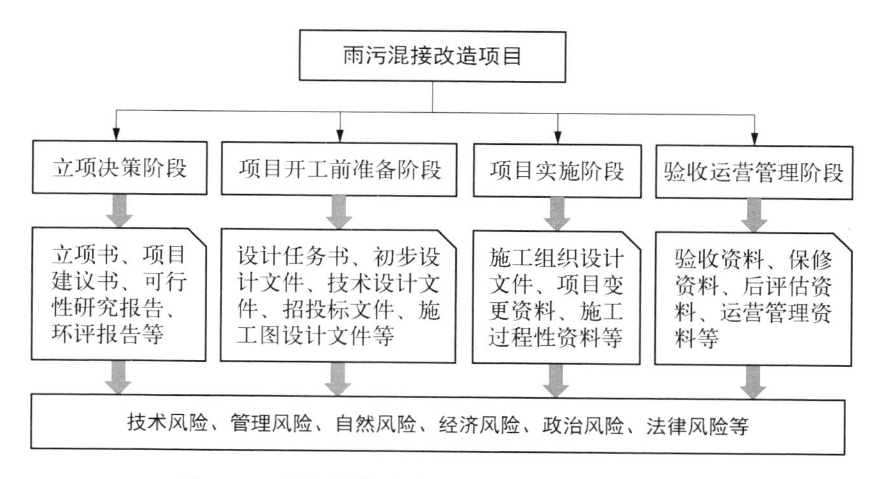

图 5-2　雨污混接改造项目初步识别的风险清单

来源：作者绘制

5.3　风险评估

风险评估对于项目管理至关重要。它可以帮助项目团队提前发现潜在的风险，降低项目失败的风险，提高决策的准确性，优化资源分配，从而实现项目的成功实施。对项目风险进行评估和分析是后期制订和实施风险处置计划的先决条件和科学依据。因此，必须对风险发生的概率及其后果进行尽可能准确的定量估计。然而，由于历史资料的不完整性、项目的复杂性、环境的不确定性以及人们认识的局限性等因素的影响，可能会导致在评估和分析项目风险时出现一些偏差。为了使雨污混接改造工程项目的风险损失与风险管理成本之和最小化，风险分析人员和决策者需要在风险管理阶段制订出恰当的风险管理措施。因此，前期的风险评估尤为重要。根据项目的实际情况，风险评估通常可以采用定性评价法、定量评价法或定性与定量法结合的评价方法。

5.3.1 定性方法

风险评估的定性方法是指通过对项目进行描述、分类、判断和评估等手段，对潜在风险的性质、概率和影响进行主观判断和评估的方法。定性方法通常可以为项目风险的定量分析提供条件，通常采用描述性语言来表达风险评估的结果，如“极有可能发生”“可能发生”“很少发生”等。项目风险评估的定性方法主要包括以下几种：

(1) 专家评估法。通过邀请相关领域的专家对潜在风险进行评估和判断。这种方法需要有丰富的经验和专业知识，并且需要对领域内的最新动态保持关注。

(2) 事件树分析法(ETA)。通过对历史事件的记录和分析，找出可能导致问题发生的事件因素及其相互关系。然后，根据这些因素和它们之间的联系，构建出一个树形结构图，以帮助识别潜在的风险。

(3) 专家讨论法。通过组织专家小组对潜在风险进行讨论和交流，共同寻找解决方案。这种方法通常适用于团队合作的项目中，可以促进团队成员之间的沟通和协作。

（4）类比法。通过对类似项目的历史数据进行比较和分析，找出潜在风险的可能性和影响程度。这种方法通常适用于已经发生过类似情况的项目。

需要注意的是，不同的风险评估方法在不同的情况下可能会产生不同的结果。因此，在选择风险评估方法时，需要结合具体情况进行综合考虑。同时，还需要充分考虑项目的实际情况、风险的性质、概率和影响等因素，以制订出有效的风险管理计划。

5.3.2　定量方法

风险量化是指在对项目风险识别的基础上，综合考虑损失频率、程度以及其他因素，计算风险可能对项目造成的影响程度，并寻求相应的风险对策。主要内容包括：分析风险存在和发生的时间、评估风险的影响程度和损失情况，判断风险发生的可能性，预先确定风险级别，探究风险的起因和可控性。相对于定性评估，定量风险评估是一种较为精确的风险评估方法，其结论通常以数字的形式呈现，评估成本相对较高。一般情况下，当以下情况出现时，可以采用定量工程项目风险评估：资料较为齐全时，需要对特定风险进行精确评估，或者需要对多个风险进行比较和分析时。项目风险评估的定量方法主要包括以下几种。

1. 故障概率分析法(FPA)

该方法通过统计学原理，对潜在风险的发生概率进行定量分析。通过对历史数据的收集和分析，计算出每个潜在风险的发生概率，并将其分为“高”“中”“低”三个等级，以便制订相应的风险管理策略。

2. 事件重要性分析法(ES)

该方法通过分析潜在风险对项目目标的影响程度，对其进行优先级排序。通过对潜在风险可能造成的影响进行量化和评估，确定每个风险的重要性等级，以便制订相应的风险管理策略。

3. 专家评估法

该方法通过邀请相关领域的专家对潜在风险进行评估和判断，并采用定量方法对专家评估结果进行统计和分析。通过对专家评估结果的加权平均值进行计算，得出最终的风险评估结果。

4. 项目模拟法

雨污混接改造中风险评估中的项目模拟法是一种分析和预测项目风险的方法。通过项目模拟，可以对项目进行虚拟执行，以便更好地了解潜在的风险、问题和挑战。项目模拟法的步骤如下：① 确定目标：明确项目模拟的目的，例如识别关键风险、评估应对策略或优化项目计划。② 选择合适的工具和技术：根据项目特点和需求，选择合适的计算机模型、仿真软件或其他技术工具。③ 设定参数：设定项目的参数，如时间、成本、资源分配等。这些参数应反映实际情况，并在可能的范围内进行调整。④ 建立模型：将项目的关键组成部分(如任务、活动、资源等)放入模型中，并建立它们之间的关系。⑤ 执行模拟：使用所选工具和技术对项目进行虚拟执行。这可能包括设置随机变量以模拟不确定性、调整参数以影响结果等。⑥ 收集和分析数据：收集模拟过程中产生的各种数据，如进度、成本、质量等指标。对这些数据进行分析，以揭示潜在的风险和问题。⑦ 解释和报告结果：基于收集的数据，解释模拟结果，并提出相应的建议和改进措施。报告结果应清晰、简洁地阐述模拟过程、发现的风险和结论。⑧ 优化和迭代：根据实际应用情况和反馈信息，对项目模拟方法进行优化和调整。不断改进和完善，以提高预测准确性和实用性。通过项目模拟法，项目团队可以更有效地识别和管理潜在风险，从而为项目的顺利实施提供有力支持。

5. 层次分析法

在风险评估中，层次分析法主要有两种用途。一种是将项目的风险因素逐层归类、分解、识别，直至分解出最小单元的风险因素，这种方法称为风险正向分解。另一种是对于同一层次下风险因素的重要程度进行两两比较，列出该层次风险因素的判断矩阵，判断矩阵的特征根也就代表了风险因素的权重，接着利用权重与同层次风险因素得分的组合，求得上一层次风险的得分，直至求出总目标得分，这种方法也叫反向合成，最终根据总目标风险得分的大小综合判断项目风险。

6. 敏感性分析方法

敏感性分析是一种常用的项目风险评估方法，它通过改变输入变量的值来评估项目风险的不同程度。敏感性分析可以帮助雨污混接改造项目了解不同因素对项目风险的影响程度，从而制订相应的应对措施。以下是敏感性分析的一般步骤：① 确定需要进行敏感性分析的风险因素和其取值范围。② 选择一种合适的敏感性分析方法，如线性回归、方差根检验等。③ 根据所选方法，将风险因素的可能取值代入模型中，计算出每个取值下的风险水平。④ 根据计算结果，评估不同风险水平的相对重要性和影响程度。⑤ 结合实际情况，制订相应的应对措施和风险管理计划。需要注意的是，敏感性分析只是一种工具，其结果需要结合实际情况进行综合分析和判断。同时，在进行敏感性分析时，也需要注意数据的可靠性和准确性，以确保分析结果的可信度。

5.3.3　定性与定量方法结合

风险评价通常采用定性和定量相结合的系统方法，其中主观评分法在雨污混接改造项目风险管理中较为常见。主观评分法主要基于专家的经验等隐性知识，进而直观判断项目中的每个风险，主要包括以下几个步骤。首先，识别和评价风险事件、风险相关因素、发生风险的环节，并在风险因素表中列出，同时赋予每个因素相应的分值，如采用1～10之间的整数来表示风险发生概率或其影响程度，1表示风险概率很低或影响程度极低，10表示风险概率最大或影响程度最大。其次，邀请实践经验丰富的专家进行评分，对风险因素、风险事件的概率或影响程度作出打分，之后将风险概率得分与影响程度的得分相乘，算出的得分与风险评价的基准作出对比分析。最后，综合考虑风险因素、事件的重要程度作出排序。

5.4 风险应对

根据雨污混接改造项目的风险不同特性，可以采取不同的措施来应对风险。主要的风险应对策略包括：风险回避、风险转移、风险抑制、风险自留等。

5.4.1 风险回避

风险回避是指通过对以上的定性和定量风险分析，对于风险较大的事件或者没有有效措施来降低风险的事件取消计划，从而消除风险产生的边界和条件，保护目标免受风险的影响，如可以选择放弃技术难度较大、风险高、不成熟的工艺。虽然风险回避是一种在实践中普遍采用且有效的方法，但是当选择风险回避的策略时，这也意味着同时放弃了获取潜在收益的机会，有些时候甚至会因此而阻碍技术创新和长远发展。对于雨污混接改造工程项目，涉及风险众多，不可能全部永远消除，但某些特定的风险可以避免，如在雨污混接改造项目的前期排查和设计中，可以通过充足的调研、充分的信息获取、多方沟通、听取百姓和专家的意见等方式，尽量规避后期风险。

实施风险回避策略，有以下几个方面的问题需要注意：

(1) 在面对概率较高、后果严重且认识充分的风险时，实施回避风险的策略能够取得较好的效果。

(2) 不是所有的风险都能够采用回避方法进行应对，例如自然灾害和自然死亡是无法避免的。

（3）采取回避风险的措施后，有可能会导致新的风险出现。例如采用优质原材料替代劣质原材料，虽然可以避免质量风险，但这同时也可能会带来成本风险。

5.4.2　风险转移（转嫁）

风险转移是雨污混接改造项目应对风险的一种重要方式。对于风险量较大，但又不具备承担能力的风险事件，可以采取风险转移的方式。风险转移后，项目的风险没有实质减少，而是改变了风险的承担者。风险转移的目的并非要消除或降低风险发生的概率以及有害后果，而是采取合同或协议的方式，当风险事故产生时，自己不再直接面对风险，依据合同协议将部分损失转移到项目以外的第三方身上。风险转移的方式包括工程保险、担保和合同条件约定等。

1. 保险

工程保险是一种常用的风险转移方式，尤其对于雨污混接改造项目而言，转移自然环境风险至关重要。通过向保险公司缴纳一定数额的保险费，业主方可以在发生风险事故时获得相应的赔偿，从而将项目风险转移给保险公司。工程保险是财产保险的一种延伸和扩展，起源于英国。目前在国际工程承包领域，通常强制要求购买建筑工程一切险、安装工程一切险、雇主责任险、人身意外伤害险、机动车辆险、十年责任险和两年责任险等保险产品。在我国，《建筑工程施工合同示范文本》中也明确规定了工程一切险、第三者责任险、人身伤亡险和施工机械设备险等相应条款。工程保险是一种针对项目过程中可能发生的意外和不测的特殊措施，旨在消除或补偿遭遇风险造成的损失。尽管工程保险只能转移整个项目的一部分损失，但在特定情况下能使业主方因风险而遭受的损失降至最低程度。在雨污混接改造项目中，工程保险的作用十分显著。

首先，工程保险具有保障作用。与工农业生产相比，雨污混接改造项目改造规模较大、投资量巨大，且与人民群众的生命财产密切相关，因此隐藏在整个建设过程中的风险因素很多，业主方需要承担的风险更大。购买工程保险后，如发生保险责任范围内的损失，保险机构会及时进行审查并按实际损失给予补偿，这可为雨污混接改造项目提供良好保障。其次，工程保险有助于监管雨污混接改造项目。实际上，保险不单单是收取保险费或赔偿损失，还包括在保险期内组织专家对安全和质量进行检查，这就要求项目当事人采取有效措施，以避免或减少事故发生。

2. 担保

工程担保是指为保证工程建设项目按照合同约定的质量、工期和投资完成而提供的担保。通常由专业的担保公司或保险公司提供，其主要作用是确保承包商能够履行合同义务，避免项目延期、质量不达标等问题的发生，从而保护业主的利益。雨污混接项目在招投标及施工的期间，向投标单位、施工单位索取投标保函和履约保函，以及在合同中明确约定的质量保证，就属于担保方式的具体做法。

3. 合同约定

合理约定合同条件，也可以达到风险转移的目的。在雨污混接改造项目的风险应对时，可以考虑采用转移风险的方式，转移风险一般会向接受风险的那一方支付一定成本，包括保险、履约保证金、担保和保证费等。在合同中，可以将这些特定风险的责任转移，在项目实施条件稳定（项目规模小、风险低、资金稳定等）的情况下，可以采用固定总价合同的形式将责任转移给承包商。此外，可以在合同中约定须由业主指定分包工程，约定对施工单位自行分包的限制条款等。

5.4.3 风险抑制（减轻）

相对于回避风险，风险抑制（减轻）则是一种更加积极的风险应对方式。针对不愿放弃或转移的风险，风险抑制旨在采取措施降低损失发生的可能性，将风险事件的概率和影响降低到可承受的程度。风险抑制是一种重要的应对措施，对风险量大，风险无法回避和转移的事件，通常会采用这种方式。一般情况下，雨污混接改造项目采用风险抑制策略时所需的成本要相对小于不减轻风险所导致的损失。在实际项目中，需要根据不同的风险，采取适当的差异化策略。

针对已知风险，业主方可以采取积极应对、变更计划等方式来控制和减轻风险。对于可预测的风险，则使用迂回策略将其降低到项目利益相关者可接受的水平。最后，而对于不可预测的风险，则应尽力将其转化为可预测或已知风险，之后采取前述两种方法处理。在实施风险抑制措施时，需要将项目中的单个风险都减轻到可承受的水平，这样可以增加项目整体的成功概率并实现预期目标。总之，业主方应该将已识别的可预测或不可预测的风险设法转化为已知风险，从而更好地控制和减轻风险。

5.4.4　风险自留

风险自留是一种常用的风险应对策略，是指在项目实施过程中，业主方保留一部分风险不进行减轻或转移，而是自行承担这些风险的一种策略。这种策略通常用于那些业主方有足够资源和能力来应对的风险，或者对于那些不能通过减轻或转移降低风险的潜在影响。与风险抑制和风险转移不同，风险自留并不意味着完全放弃对风险的控制和管理，而是要求业主方更加关注和投入更多的资源和精力来应对风险。在采取风险自留策略时，业主方需要仔细评估风险的概率、可能性和影响程度，并制订相应的应对措施和计划。同时，业主方还需要及时监控和更新风险情况，以便在必要时进行调整和应对。因此，风险自留是一种针对特定风险的应对策略，需要业主方根据实际情况进行选择和决策。

在项目实施中，合理运用各种风险应对策略可以最大程度地降低项目风险，提高项目的成功率。

5.5 风险监控

工程项目的风险监控是指在项目执行过程中对潜在风险进行实时监测和评估，对已识别的风险进行跟踪，对残余风险进行监视，以识别新风险，进而及时修改风险管理计划，从而保障风险计划实施，使风险管理达到预期目标。

5.5.1 风险监控的重要性

风险监控虽然处于风险管理全流程的最后一个步骤，但实际上，风险监控是贯穿雨污混接改造项目风险管理的全流程的。不仅是对所识别和应对风险的延续，还可以通过风险监控手段对风险识别和风险应对措施的效果进行反馈，因此形成一个风险管理的动态循环过程，直至将风险控制于可接受的水平。风险监控是雨污混接改造项目风险管理中的重要环节，其意义表现在：

（1）有利于适应风险变化。随着项目的实施，与项目有关的信息逐渐丰富，项目实施前的不确定性因素也逐步清晰，风险监控可以帮助判断原先的风险预判是否可以适应目前风险的情况，随着风险的变化是否需要采取更加详细具体的措施来应对现有风险，因此，风险监控有助于适应风险的变化。

（2）检验已采用的风险应对措施是否合适。通过风险监控，可以对已经采取的风险措施作出客观评价，对于正确有效的措施，可以继续执行，而对于效果不佳且成本较高的风险，则需要调整措施以减少损失，寻找更加合适符合现状的风险应对策略。

5.5.2　风险监控内容

在雨污混接改造项目的整个实施过程中，风险监控始终贯穿其中，主要包括风险监督和控制两个方面。风险监督主要是在风险通过一定措施采取控制后，风险管理人员对风险事件和因素的演变进行的观察和记录。风险控制则是在风险监督的基础上，采取一定的技术措施、管理手段。在雨污混接改造项目中，主要的风险监控内容包括：

（1）项目风险管理计划的执行情况。包括制订的风险管理计划是否得到充分的执行、是否存在漏洞和不足之处等。

（2）风险应对措施是否达到预期的效果，是否出现了新的、未被预料的风险事件，此时需要重新制订新的应对方案，不断地调整和优化应对措施。

（3）分析项目实施环境，判断预期目标是否能够实现。

（4）与预期相比，风险事件发生了什么变化，是否在预测范围内。

（5）前期风险识别到的因素哪些是已经发生的，哪些是将要发生的，哪些是目前正在发生的。

（6）是否有预期风险之外的风险事件出现，其发展变化能否在掌控范围内。

5.5.3　风险监控方法

常用的风险监控方法有监视单法和项目风险报告法。

1. 监视单法

监视单是工程项目实施过程中需要项目管理者给予特别关注的区域清单。可以只列出已识别的风险，也可以将风险顺序，风险在监视单中的已停留时间，风险应对活动，各项风险处理计划的计划完成时间和实际完成时间，以及相应的备注等列出。监视单法通常包括以下几个步骤：

（1）确定监测对象：根据项目的特点和风险情况，确定需要监测的风险对象。例如，可以监测项目进度、成本、质量、安全等方面可能存在的风险。

（2）制订监测计划：根据监测对象的特点和风险情况，制订相应的监测计划。该计划应包括监测的时间、频率、内容、责任人等信息。

（3）收集监测数据：按照监测计划的要求，收集相关的监测数据。这些数据可以来自项目管理信息系统、日志记录、会议记录、检查报告等渠道。

（4）分析监测结果：对收集到的监测数据进行分析，找出潜在的风险点和问题，并评估其可能的影响程度和紧急程度。

（5）制订应对措施：根据分析结果，制订相应的应对措施。这些措施应包括减轻风险、避免风险或转移风险等方面的内容。同时，还需要明确责任人和实施时间等信息。

（6）跟踪和更新：对制订的应对措施进行跟踪和更新，确保其得到有效的执行和落实。同时，还需要根据实际情况不断调整和完善监测计划和措施。

2. 项目风险报告法

项目风险报告用于向决策者和项目组织成员传达风险信息，通报风险状况和风险处理活动的效果。根据接收报告人的具体需求，报告内容的详细程度也可以随之调整。

对于雨污混接改造这样的民生项目来说，其规模庞大、时间紧迫，为确保项目的建设和运营，必须建立有效的项目管理和风险管理制度和措施。这包括设置相应的风险管理部门和专业人员，对项目从前期可行性研究、设计、施工、验收到运营整个全生命周期中的关键活动有效地进行计划、组织、控制、协调。同时，需要严格把控工程的设计标准、质量、进度、计量、费用等关键项目风险控制因素，使各项指标控制在预期范围之内。实施过程中出现偏离现象时，应及时预警并制订相应的纠偏措施，从而保证项目的正常实施和顺利运营。此外，还应有针对性地对项目管理人员进行风险培训等教育，以提高其风险意识和风险应对能力，在项目实践中，通过制订严格的规章制度以减少和控制因疏忽造成的不必要损失。

第6章

雨污混接改造工程创新实践与思考

【本章导读】 工程现场标准化和管理对象复杂化是当前雨污混接改造工程的主要特点。为适应快速变化的工程施工情况，雨污混接改造工程需要在管理和技术方面不断创新，从而实现全方位管理。本章主要论述了雨污混接改造工程不同层面的创新内容，以启发现阶段工程实践，其主要内容包括：

（1）在材料及技术方面，寻找提高处理效率和性能的新材料和新技术；

（2）在干系人管理方面，提出一种创新的干系人管理机制；

（3）在数字化管理方面，构建一个数字化协同管理平台；

（4）在绿色低碳管理方面，完善绿色低碳施工过程中的评价方法和组织管理体系；

（5）在长效管理机制方面，探索多元管理机制与监督体系。

6.1　材料及技术

6.1.1　概述

传统的污水处理设施和排水系统面临着运行效率低、处理能力不足、设施老化等问题。上海市雨污混接改造项目为了应对这些挑战，需要通过材料和技术创新对于现有的设施和系统进行改造，以提高处理效率和性能。

在材料选择上，上海市雨污混接改造项目倾向于引入具有高强度、耐腐蚀性和耐久性的新型材料，这些材料能够提高排水设施的稳定性和寿命。通过采用这些新型材料，能够减少设施的维护和修复成本，提高设施的使用效率。其次，上海的雨污混接改造项目采用先进的技术手段来提高处理效率和质量，减少对环境的影响。项目致力于引入创新的技术解决方案，能够实现对排水过程的精确监测和控制，从而提高处理效率、减少能源消耗，并降低对环境的负面影响。上海的雨污混接改造项目还注重环境友好性和可持续性，在材料选择和技术应用方面，倾向于选择具有较低环境影响的材料和技术。同时，项目也关注资源的合理利用，努力减少能源消耗和排放，以促进可持续发展。

6.1.2　传统截流方式以及存在问题

当住宅小区为中高层、高层住宅楼（层数大于 6 层），或者不具备新建雨水立管改造条件时，可将原排水立管作为雨水立管和阳台废水管，在接入原地面雨水管网前增设截流井，截流阳台废水至小区地面污水管网。

截流井是一种常见的城市污水处理设施，用于控制雨水和污水的混合流量，防止城市内涝和水体污染。传统的截流井可分为三大类：堰式截流井、槽式截流井和槽堰结合式截流井。

堰式截流井井内设置了一个固定高度的堰，当混合污水流量不大，水深没有超过堰高时，旱流污水流向污水管网，适用于排放口相对位置较低、下游河水位较高的情况。槽式截流井的截流管设计水面或管顶低于合流管管底，少量污水或初期雨水通过底部流槽进入截污管内，其缺点是易积淤，导致截污效果下降，需要定期清淤维护。槽堰结合式截流井是槽式和堰式两种截流井的结合，其采用混合截污技术，可同时截取雨水和污水，并控制流量。

尽管以上三种传统截流井各有其优缺点和适用范围，但是传统截流井存在的最大问题在于其均难以对初期雨水进行有效截流和对后期干净雨水进行排放：因其构造的限制，传统的截流井不能有效区分初期雨水与后期干净雨水，只能根据截流井水深高度和流量大小来截流或溢流。因此截流井设置数量越多，雨天时污水管网冒溢风险越大。这种方法原理存在较大的雨污误判问题，会导致大量的雨水进入污管网，且流量不可控。因此，引入新型具有水质判别功能的分流系统尤为重要。

6.1.3 智能分流井原理

智能分流井是一种具有水质判别功能的系统，可以准确分流雨水和污水。与传统的截流井相比，智能分流井引入了水质判别管，以实现对水质的准确判别和分流控制。水质判别管需要与纯雨水入口或纯雨水立管相连接，作为判断雨污混流水质的依据。系统通过检测水质判别管中的水情况来实现准确的分流操作。在非雨天时，水质判别管中不会有水汇入，这意味着混流管中的水被判定为污水，需要排入污水管网，而雨水管网不能接收任何水流。这样可以确保在非降雨情况下，污水和雨水得到有效分离，避免污染的雨水进入雨水管网。而在雨天时，水质判别管中会有雨水流入。在初期的降雨过程中，混流管中的水被判定为污水，然后排放到污水管网中。随着降雨的进行，相对较清洁的雨水则会进入雨水管网。为了确保水质的准确判别，污水口会被关闭，使得中后期相对洁净的雨水能够被正确地引导到雨水管网中。

智能分流井通过内部液位计及水质监测仪测得的指标数据，结合计算机设定的程序，通过液动下开式堰门及液动限流闸门，根据不同天气、管道流量、水体水质，自动调节堰门、限流闸门的开启幅度，从而实现不同条件下的智能截流功能。在晴天时，液动限流闸门处于开启状态，液动下开式堰门处于关闭状态，生活污水完全截流至截污管并输送到污水处理厂。当井内的污染物浓度大于设定的污染物浓度值时，堰门关闭至警戒水位对应的开度，限流闸门开启，限流闸门的开度值取决于流过的流量值，保证通过截污管的流量不会超过设定的流量值；当井内的污染物浓度小于设定的污染物浓度值时，限流闸门关闭，下开式堰门开启，后期雨水排放到自然水体。当井内水位大于警戒水位时，限流闸门关闭，下开式堰门开启行洪。

防止自然水体倒灌的控制原理为：当自然水体水位上升时，液位计将信号传送给控制室，控制室控制堰门上升，使堰顶始终比自然水体水位高，防止自然水体倒灌。当自然水体水位下降时，液动下开式堰门随自然水体水位下降而下降，直至堰顶下降到警戒水位后停止下降。

6.1.4　智能分流井的应用效果

智能分流井在上海市雨污分流项目中将发挥重要作用。首先，智能分流井可以提高雨污分流的准确性和效率。通过引入水质判别管和相应的判别机制，该系统能够实时监测和判断雨水和污水的混流情况。准确判别雨水和污水后，可以实现精确的分流，将污水排入污水管网，而纯净的雨水则进入雨水管网。这将有效减少污染物进入雨水管网的可能性，提高雨水的处理效果，保护水环境。

其次，智能分流井有助于降低对环境的污染风险。通过准确分流雨水和污水，可以避免污染的雨水进入雨水管网，保持雨水管网的纯净性。这对于保护水体的水质和生态环境具有重要意义，有助于防止污染物对河流、湖泊和海洋的进一步污染，维护生态平衡，促进可持续发展。

智能分流井还有助于提高雨水管网和污水管网的运行效率。通过准确分流和引导雨水和污水进入相应的管网中，可以降低管网的过载风险，避免雨水管网因过量污水的进入而超负荷运行，从而提高整体的排水处理能力和效率。通过使用先进的监测技术和远程控制系统，可以对智能分流井的运行状况进行实时监测和管理，这有助于及时发现和解决潜在问题，提高系统的可靠性和稳定性。

6.2 干系人管理

雨污混接改造工程项目全过程涉及项目发起与确立、合作方及融资方式选择、设计、施工、运营维护等诸多方面，以干系人数量多而区别于一般项目，且在很大程度上受限于体制环境和经济条件。本书在此节旨在提出一种新颖的干系人管理机制，通过结合利益相关者理论，分析识别项目干系人，进一步提高项目干系人管理效率。

6.2.1 利益相关者理论的应用

根据罗纳德 K. 米切尔(Ronald K. Mitchell)提出的干系人的 3 个固有特性：合法性、影响力和紧迫性，将雨污混接改造工程项目干系人分为 3 种类型，如图 6－1 所示。

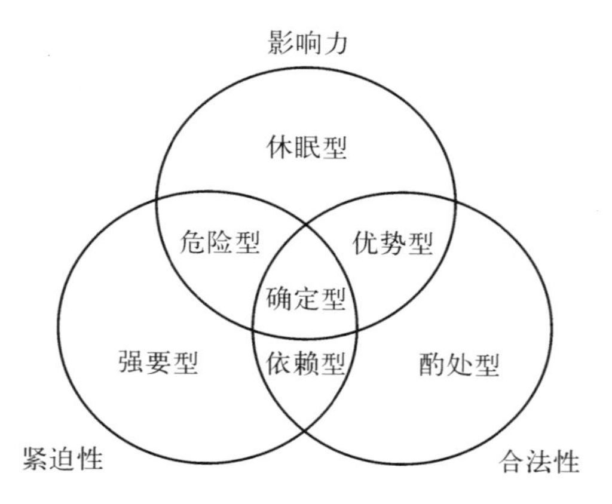

图 6－1 项目干系人类型细分

来源：作者绘制

第一类是确定的项目干系人，同时具有合法性、影响力和紧迫性，比如政府、项目建设单位等。

这些干系人要求改造工程项目从设计、施工到验收全面贯彻环保、安全、监管和实施规范，保证工程可靠性和耐久性，确保改造工程实现“合法合规”。

第二类是预期的项目干系人，包含3种属性中的2种属性，共分为3种类型：优势型项目干系人，如工程施工单位、监理单位、供应商等传统项目中必不可少的项目干系人。其往往通过合同的订立参与项目，通过对决策者的一系列信息反馈来影响项目。依赖型项目干系人，如项目所在地市民，尤其是施工现场周边居民，具备紧迫性和合法性两个特征。他们可能采取上访、结盟的活动方式，影响项目的决策和进展。危险型项目干系人，具备影响力和紧迫性特征。

第三类是潜在的项目干系人，分别具有3个特性之一，相应分为3种类型：休眠型项目干系人，只具有影响力，如大众媒体和行业协会；酌处型项目干系人，只具有合法性，如环保主义者、公司职工和部分市民；强要型项目干系人，只具有紧迫性。

6.2.2　干系人驱动因素分析

在参与雨污混接改造工程项目过程中，各级政府及相关部门会根据各自的行政责任履行各自的行政职能，其参与项目的最终驱动因素来自社会责任。而建设、监理和施工单位可依据工程合同获得项目利润，也可从成功的项目中积累工程经验，获得业绩；社会公众能够获得雨污混接改造之后的便利，从而改善生活质量等。这两类干系人参与项目的最终驱动因素来自利益。

基于上述两种驱动因素的分析，雨污混接改造工程项目干系人参与驱动因素分布如图6-2所示。

6.2.3　干系人动态管理

雨污混接改造工程项目的干系人管理是一个复杂的系统，其中干系

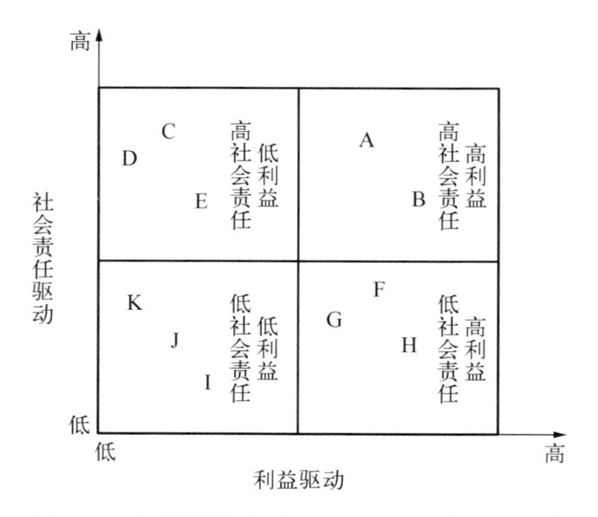

图 6-2　雨污混接改造工程项目干系人驱动分布

来源：作者绘制

注：A 为项目管理单位；B 为咨询监理机构；C 为政府相关管理部门；D 为项目业主；E 为公共媒体；F 为承建单位；G 为金融机构；H 为供应商；I 为社会公众；J 为社区；K 为社会团体。

人管理机制起到了基础性和根本性作用。本小节在项目全寿命周期中，分别从明确诉求识别、协调一致合作和资源开发共享等机制出发，确定干系人参与管理的对策和措施，并进一步反馈和评价绩效满意度，形成一个闭环，实现基于项目全生命周期的工程项目干系人动态管理，如图 6-3 所示。

1. 干系人主体识别管理

雨污混接改造工程项目经理对项目利益相关者的期望进行前瞻性管理是项目获得成功不可缺少的关键要素。根据上述对雨污混接改造工程项目干系人的细分，全面识别项目干系人，并详细分析对项目具有主要影响的干系人的期望与要求（考虑到如政府等的确定型项目干系人利益诉求比较明晰，此处重点分析其他的项目干系人），以决定其利益倾向及潜在影响。

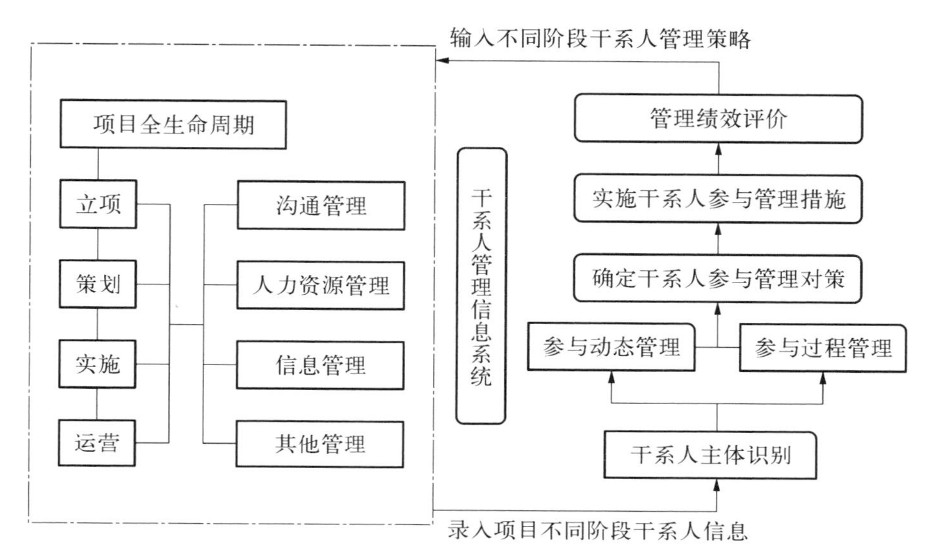

图6-3　基于全生命周期的干系人动态管理

来源：作者绘制

雨污混接改造工程项目预期类干系人为项目在建设实施阶段的干系人，主要包括勘察、设计、施工、咨询、监理、验收机构及材料设备供应商，各干系人对项目的期望和要求如表6-1所示。

作为雨污混接改造工程项目的最终服务对象，项目所在地居民的需求在于获得更好的生活环境。他们通过新闻媒体关注施工进展，要求在施工区域内及时布置灯光、护板、格栅等警示标志，希望项目在规定时间内施工，避免出行不便，影响正常生活。更重要的是，在雨污混接改造工程项目中，评价和改进建议主要来自居民，只有关注他们的需求，才能达成雨污混接改造工程的初衷。

正确细分各类项目干系人，并制订相应管理策略，有助于合理利用和分配资源，提高建设效率。政府、建设单位等为代表的优势型项目干系人构成了雨污混接改造工程项目建设的主体，对其管控的有效性决定了项目绩效；公共媒体等则扮演辅助角色；市民作为直接用户，其需求和建设意见决定着雨污混接改造工程项目的口碑；而危险型和酌处型干系人与项目的关联性较弱，常常被忽视，但其往往是冲突的重要导火索，甚至给项目建设带来致命性阻碍。

表6-1　预期类项目干系人期望和要求汇总

单　位	期　　望	要　　求
勘察、设计单位	按期取得合同勘察设计费； 提高声誉、扩大影响力	相关单位提供勘察设计资料以及手续等； 施工单位及时沟通，减少变更等
施工单位	按期取得合同工程款； 项目工程顺利进行，按期竣工； 设计变更少； 不出现安全事故	施工手续齐全； 材料设备及时送达现场； 工程建设过程中有充足的人力、物力、财力支持
监理单位	按期取得合同监理费用； 不出现安全事故； 项目按时完工，工程质量达标	相关单位配合监理单位工作； 施工单位按要求施工，不出现违规行为导致返工、停工等
材料、设备供应商	材料或设备使用量大，成本降低； 特殊材料或设备便于生产	材料或设备规格、数量等信息明确； 材料或设备质量要求合理； 提前告知使用时间，及时送达货物
验收机构	资料齐全，验收过程合法、合规； 顺利高效完成验收工作	保质保量完成工程各项内容； 验收所要求的资料准备齐全； 遵守验收程序
项目所在地居民	项目能够改善周边居民的生活质量，如降低噪音和减轻交通拥堵，同时改善供水和排水条件等； 听取并采纳居民合理的意见和建议	施工不影响附近居民正常生活； 项目在规定时间施工

2. 干系人参与动机管理

干系人参与项目的动机千差万别，往往基于各自的利益目标而参与项目，其参与积极性也不同。科学、正确地识别项目干系人的动机，激励干系人有序参与，对于项目顺利实施具有积极作用。

委托方和代理方的激励成本与对方收益分享比例成正比，收益水平越高，干系人的激励程度也越高。项目收益是一个复合概念，既包括经济收益，也包括业绩、口碑等非经济收益。因此，在雨污混接改造工程项目中，可以考虑应从经济激励和非经济激励两方面提升干系人参与度，如设置优秀单位、明星单位等奖项，提升各单位和干系人参与的积极性。

3. 干系人参与过程管理

在雨污混接改造工程项目实施过程中，可以借助计算机技术和网络技术，对干系人进行科学、高效的信息集中管理，包括立项申报、招投标、施工管理等，对项目的造价、生产资料、人力、进度、风险等信息进行采集、处理、分析和评价，准确反映项目建设全貌，构建信息共享机制，为项目的建设实施提供信息和数据支持。同时，考虑到干系人较多，可以灵活运用各种沟通方法和工具进行协调，比如通过网络视频会议进行突发或紧急事件的沟通。

4. 干系人管控绩效评价

对雨污混接改造工程项目沟通效能进行定期评价有助于政府和建设单位及时了解、掌握和监控项目的沟通情况，并及时改善和优化。应将项目干系人管理评价制度作为项目管理制度予以常态化，同时将项目沟通效能定期评价作为日常管理的一部分。

并且，也需要落实项目责任制度，明确划分和规范项目内部各干系人、工作范围、承担的责任和职权，促进动态管控的合理分工，明确各职位和部门的责任和要求，将复杂的项目活动细化为若干职位或部门的日常工作。

建设单位应采用项目报告、通告、会议、面谈等多种形式，将评价结果定期反馈给考核主体，并提出改善绩效的对策。应及时通报项目问题，将评价结果与激励机制紧密关联。反馈是管理的最后一个环节，也是提升管控绩效水平的重要环节。

6.3 数字化管理

建筑信息模型(BIM)是工程建设数字化转型的新代表性技术，其核心理念与雨污混接改造工程全生命周期一致。因此，本节从雨污混接改造项目管理主体角度，应用 BIM 技术来构建一个数字化协同管理平台，为数字化工程管理提供平台保障及大数据支持，实现雨污混接改造项目全过程管理的数字化、协同化，从而为数字化管理提供一个新的路径。

6.3.1 平台总体设计

考虑到雨污混接改造项目管理涉及的干系人众多，为提高平台的易用性和稳定性，减少各参与方的维护工作量，降低平台后期集成以及与其他系统对接难度，整个数字化协同管理平台体系采用基于 B/S 的框架设计。平台采用三层架构(表示层、业务逻辑层、数据处理层)进行开发，其总体框架如图 6-4 所示。

在总体框架中，表示层就是利用浏览器为客户提供应用的图形界面，负责直接跟用户进行交互；业务逻辑层由 Web 应用服务器实现系统的业务逻辑功能；数据处理层是三层中的底层，负责数据的存储和访问。

平台支持 SQL Server 和 Oracle 等大型数据库，系统运行和维护的效率高，同时具备从功能应用到数据库系统的多层安全控制机制，以保障系统的稳定运行，保障系统的开放性和扩展性，其功能框架如图 6-5 所示。

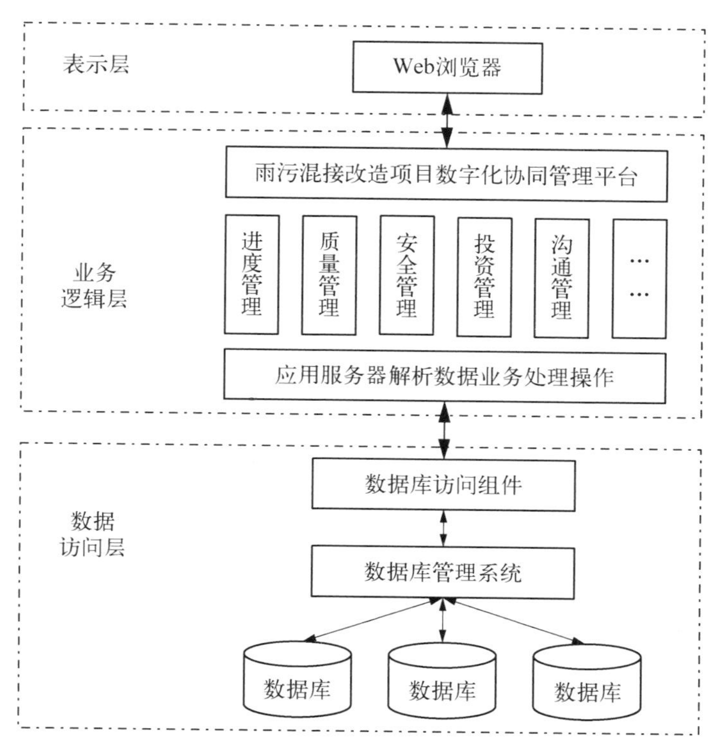

图 6－4　平台总体框架

来源：作者绘制

6.3.2　管理功能与数字化融合

1. 进度管理功能融合

基于雨污混接改造项目数字化协同管理平台的进度管理，以 BIM 模型为基础，以项目 WBS 分解为主线，集成网络计划技术、业务流程、数据表单、数据分析等功能，将进度数据采集、进度显示、进度分析、计划调整各环节信息打通，为进度管理提供了完整的解决方案，提高了雨污混接改造项目进度管控力度，其进度管理如图 6－6 所示。

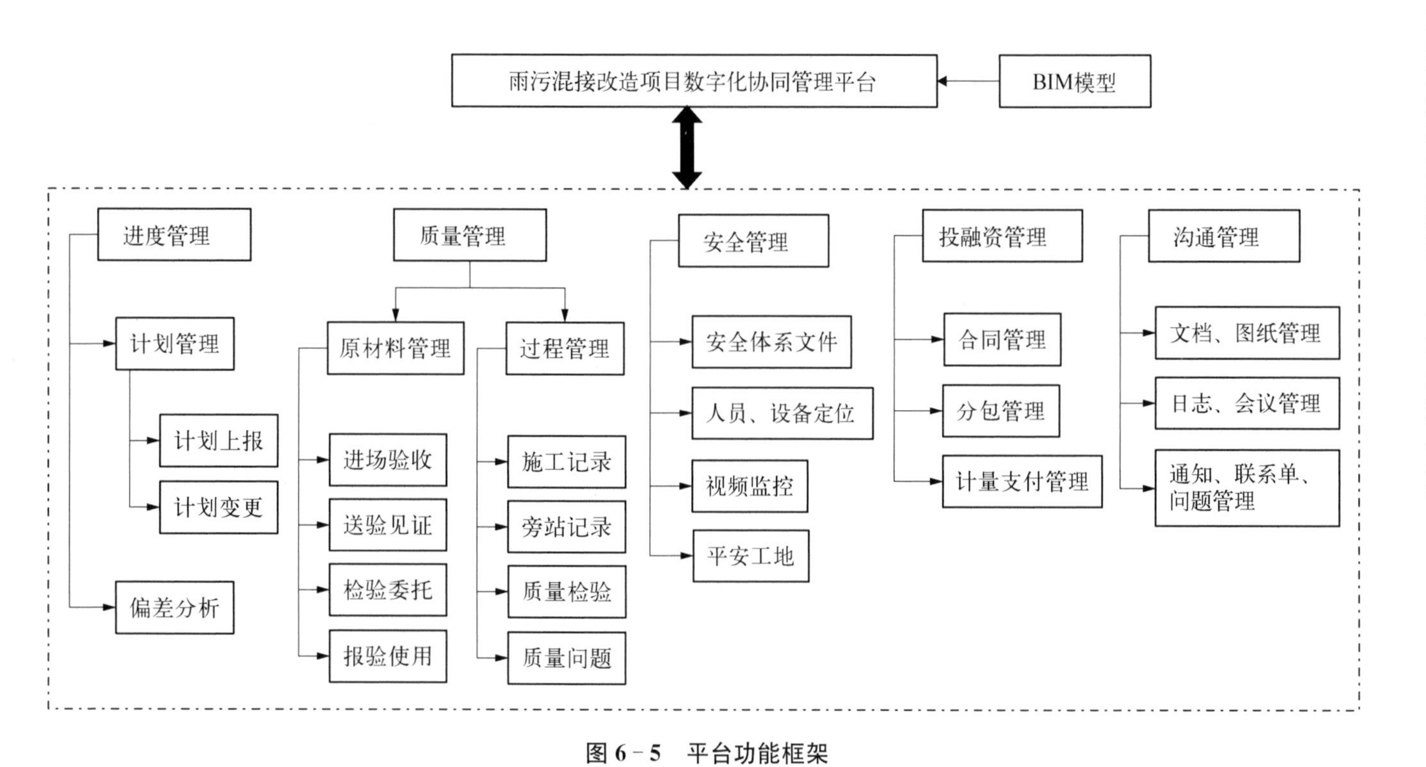

图 6－5　平台功能框架

来源：作者绘制

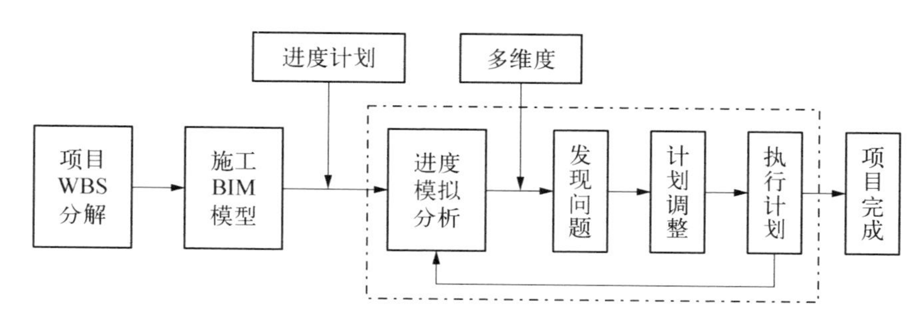

图6－6　基于数字化协同管理平台的进度管理

来源：作者绘制

2. 质量管理功能融合

传统质量管理平台主要集中在质量信息的收集，实现工程构件级精细化全面质量管理异常困难。基于雨污混接改造项目数字化协同管理平台的质量管理，信息粒度可达到构件级，以模型为主线，规范工程各阶段质量行为，明确工程各部位质量标准，贯穿质量全过程信息，做到质量信息的可查询、可定位、可追溯，同时保证现场发现质量问题及时解决，如图6－7所示。

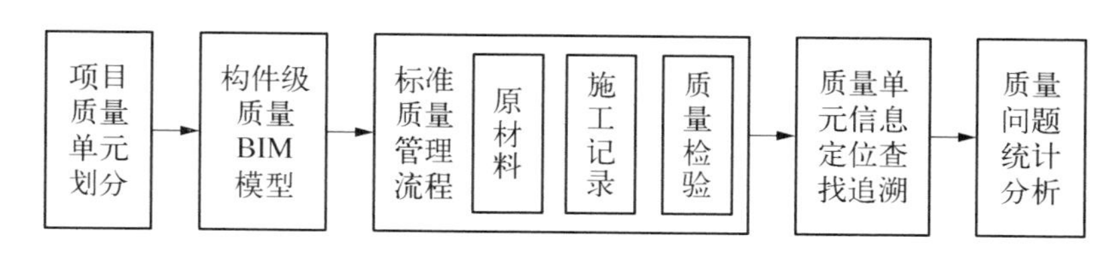

图6－7　基于数字化协同管理平台的质量管理

来源：作者绘制

3. 安全管理功能融合

传统安全管理平台由于管理手段的限制，其功能主要集中在安全资料的上传、安全教育、安全培训、安全知识库等文档层面，忽略了现场安全管理。随着近几年智慧工地的兴起，物联网技术开始普及。平台在架构和功能设计上充分考虑了其扩展性，通过大量接口开发，实现了变形监测、视频监控、人员定位以及轨迹、图像等数据分析，以及智能穿戴设备等实时数据与雨污混接改造项目数字化协同管理平台的互通。

4. 投融资管理功能融合

计量支付是投融资管理的核心内容。传统计量支付，按照以分项工程为最小单元的工程量清单执行，管理粗放，投资控制难度大。通过平台将工程量清单细化到每个工程构件，实现每个构件工程量与图纸和 BIM 模型工程量的一一对应，让每个构件有量可依，有价可询，真正实现了构件级的精细化管理。同时，利用 BIM 模型可唯一记录和直观显示工程构件计量状态，防止构件重复计量。

6.4 绿色低碳管理

随着国家对环境保护和可持续发展理念的逐渐重视，建设工程施工引起的高能耗与高污染问题与生活环境高要求的矛盾日趋凸显。绿色低碳管理应运而生。然而不少雨污混接改造项目在绿色低碳施工评价方法和组织管理方面仍做得不够完善。本节以绿色低碳施工的评价内容为主线，明确其施工管理体系，为雨污混接改造项目的绿色施工、管理、评价提供新的理论与技术支持。

6.4.1 评价指标

绿色低碳管理理念的核心是在确保项目质量与安全的前提下，高效经济地做到“节能、节地、节水、节材和环境保护”。因此，对于绿色低碳施工的评价内容也主要从这 5 个方面及相关指标展开。

1. 节能与能源利用

能耗节约率是反映能源消耗量的重要数据，描述能源消耗量的大小。

能源节约率可以用式(6-1)表示。

$$能耗节约率=\left[1-\left(\frac{实际能耗}{实际产值}\right)\times\left(\frac{计划产值}{计划能耗}\right)\right]\times 100\% \quad (6-1)$$

节能管理要控制各能耗指标在合理区间，具体表现为：对施工方案的优化，合理配置各类用能设备、节能型灯具和施工照明器具；采用太阳能、风能等清洁能源代替化石能源等做法；做好分区（施工、生活和办公区）分路供电，采用分路计量装置；定期检查每天记录用电和用水量，及时发现用水、电量突增的情况。同时，要强化对设备的日常监测，保障设备的正常使用。

2. 节水与水资源利用

用水节约率可以作为施工中节水和水资源利用评价指标，用式(6-2)表示。

$$用水节约率=\left[1-\left(\frac{实际用水量}{实际产值}\right)\times\left(\frac{计划产值}{计划用水量}\right)\right]\times 100\% \quad (6-2)$$

节水管理要控制各用水指标在合理区间，具体表现为：对生活区、施工区域的用水采取日常管理措施，原始记录和月度台账，对于原始的数据记录，要核对数据是否符合报表情况，确保数据的真实有效，安排专人定期对台账的数据与计算的数据进行比较，分析是否有漏水等情况；针对工程各个区域配备再利用水的措施和系统；在绿化养护，冲刷路面等操作过程中，使用收集的雨水和过滤重复利用的水，采取有效的节水措施。

3. 节材与材料资源利用

材料资源利用采用耗材节约率指标评价，耗材节约率数值越大施工用材越少。耗材节约率可以用式(6-3)表示。

$$耗材节约率=\left[1-\left(\frac{实际耗材}{实际产值}\right)\times\left(\frac{计划产值}{计划耗材}\right)\right]\times 100\% \quad (6-3)$$

4. 节地与土地资源保护

节地和土地资源的保护要对施工平面布局做合理的规划：施工现场的仓库和各种材料的堆场等，要尽量靠近现有的道路，从而尽可能地缩短运输的距离；对施工的组织路线进行合理规划，道路要通过永久道路和临时道路混合使用方式进行，施工场地尽可能实现圆形互通；根据施工规模、人员数量、功能、材料、设备使用等各类计划及现场施工条件等，控制临时设施的占地等；建筑与生活垃圾按照垃圾分类的标准，进行分类，及时清运，综合利用各类建筑垃圾，无法回收的，要无害化处理。

5. 环境保护

噪声、扬尘、光、建筑垃圾、废水、油漆和涂料是施工产生的主要污染物。施工现场白天噪声不得超过 70 dB，夜间不得超过 55 dB；严格控制电焊、夜间施工照明等对周围民众夜间休息的影响，做到不打扰周围居民的正常休息；结构施工中要求扬尘高度不得超过 0.5 m；基础施工时场地扬尘高度不得超过 1.5 m；排放的污水 pH 值应在 6～9 之间。

6.4.2 施工组织管理

为了保障绿色低碳施工的有效实施，施工单位应严格遵循新标准、新规范要求，建立创建绿色低碳施工领导小组和工作小组，明确职责分工，如图 6-8 所示。领导小组由公司领导组成，其职责是：全面落实绿色低碳施工节能降耗各项工作管理工作，组织建立项目责任制，对完成目标和指标负责；组织相关人员按绿色低碳施工节能降耗责任要求进行实施，并进行自查评估、落实改进措施。

项目管理人员由集团负责人、项目经理、项目工程师、绿色低碳施工专管员、安全文明员等组成。其中项目工程师应编制绿色低碳施工节能降耗方案，制订项目节能降耗技术措施，执行节能规范和标准；绿色低碳施工专管员负责绿色低碳施工节能降耗各类数据的统计和收集，负责工

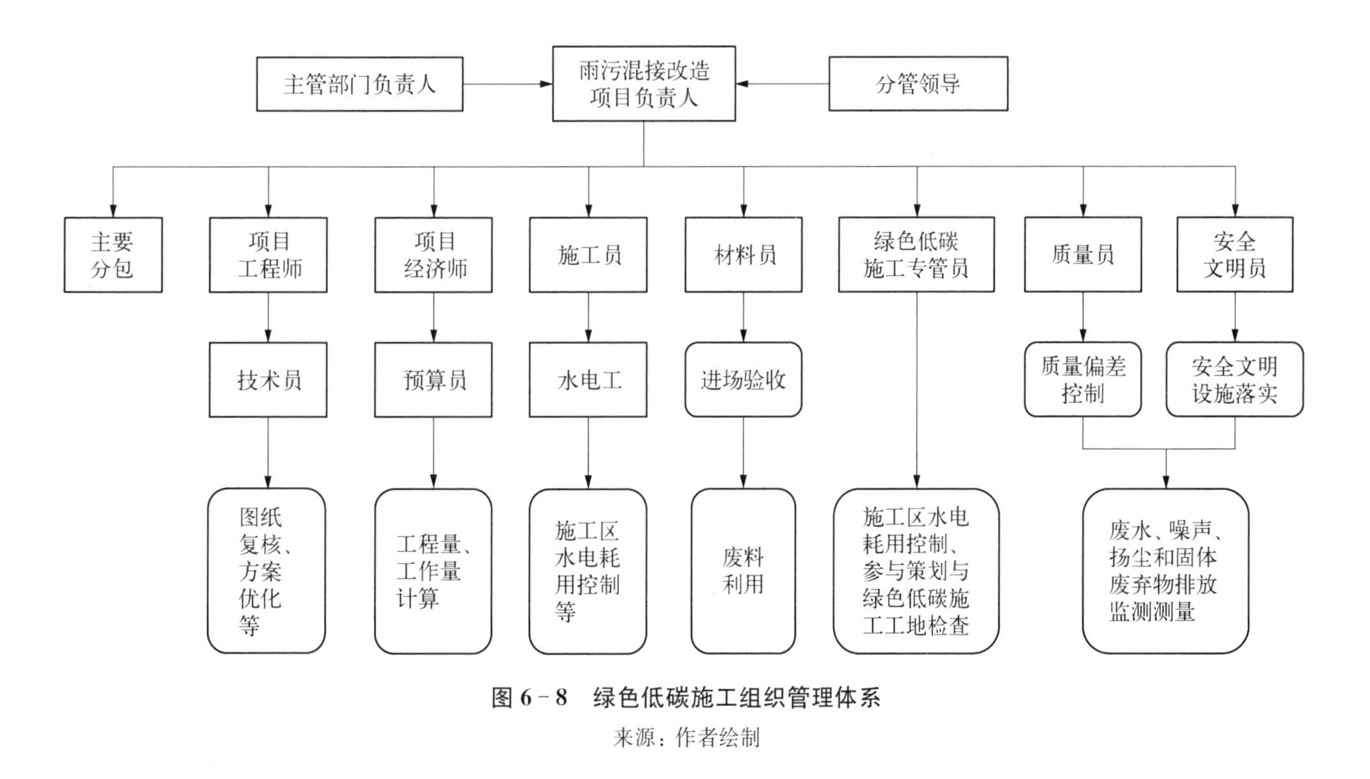

图6－8　绿色低碳施工组织管理体系

来源：作者绘制

地节能降耗宣传教育，参与方案的策划和评估，参与相关工作的组织协调；安全文明员要确保安全文明施工，落实施工现场安全文明设施工具化、定型化、标准化的推广试点，对废水、噪声、扬尘和固体废弃物排放进行监测、计量；材料员应对进场材料验收和数量核对，建立原材料进场和耗用台账，逐月和分阶段统计消耗数量，与经营部门预算对比，以掌握材料消耗情况，落实废旧料的重复使用。

6.5 长效管理机制

6.5.1 实现管道维护系统全覆盖

进一步加大管网状况监督管理力度，实现管网巡查网络无缝覆盖。一是制订出台管网维护标准以及操作规程。按照雨污混接改造长效管理目标和考核标准，以区县为单位，由街道牵头，会同各社区业主委员会落实管道运维检查措施。二是由物业配合业主委员会制订管网运维“六个定”标准，管网运维合同中采取定时段、定人员、定标准、定检测、定汇报、定责任，将管网维护与物业服务挂钩，将物业对管网的日常运维、对管网情况巡视纳入物业合同服务质量条款。三是加大管网维护考核力度，采用周考核、月抽查、年终考评的方式对物业进行考核，将考核结果作为全年度物业服务质量考核的重要依据。四是常态化开展管网维护专项行动，实行日常检查与定期督查结合、专项执法与联动执法结合，加大管网长效管护“三无两直”（无须通知、无陪同接待、无事前汇报、直奔现场、直击一线）的检查力度，定期通报管网长效管护情况，形成一套完整的可操作、可推广、可复制的管网长效管护监督、检查、考核、评价体系。

6.5.2 积极开展管网维护宣传

组织开展雨污混接改造的宣传活动，营造爱护水环境的浓厚氛围。

可结合“世界水日”“中国水周”及水法宣传活动、文明城市创建复核等工作，通过报纸、广播、电视、宣传车等多种宣传形式，广泛深入地开展水环境保护宣传教育，引导人们增强爱护河道、共建美好家园的意识，克服不文明的行为习惯和生活习俗，使爱水、护水逐渐成为全社会行为规范和道德准则，从而逐步推动河道保洁公众参与机制形成 。

6.5.3　加强项目后期长效管理监督

雨污混接改造项目长效管理监督需要社会各界的共同支持和市民的广泛参与，充分发挥广大群众的舆论监督作用。可在社区污水处理房设立保洁意见和投诉电话，依托污水排放公示牌公布举报电话、河道监督平台，在社会面上聘请人大代表、志愿者、企业代表、社区代表等义务监督员，定期召开监督员座谈会，认真听取社会参与水质监管各方意见、建议，及时研判、制订解决水质检测问题的措施，深入推进雨污混接改造后期管理工作。

6.5.4　探索多元化的管网维护渠道

雨污混接改造项目不仅切实关系到人民群众的生活环境，更有助于改善周边水环境，推进绿色城市建设。结合管网维护的需求，通过向社会招标专业管网运维公司、物业保洁公司、购买服务等形式，将管道维护交给专业化保洁单位、公司负责，提高河道保洁市场竞争力，让管网维护、管理更加专业化、规范化，提升河道管理整体水平。积极引导、培育专业管网维护队伍，将社区、街道中懂管理、懂技术、肯吃苦、身体健康、爱护河道、愿意为社区人居环境改善作贡献的人培育组建成一支专业管道养护队伍，以政府引导、市场化运作的方式，服务其余社区。探索设立“管道维护能手”，“管道维护能手”既是管道维护员，也是管道巡查员，更是管道日常监督员和保护管道宣传员，打通管道管理的“最后一公里”；将“管道维护能手"纳入社区公共服务公益性岗位，设立工资补贴和相应福利，让"管道维护能手"能招进来、留下来。开展管道维护志愿服务，居民自发开展管道维护志愿服务活动，引导人们参与到管道保护活动中来。可在基础条件较好的社区推行社区管网一体化管护，即以统一管道管护机构设置、统一经费保障、统一管护标准制定等形式进行管道管理。

第7章

雨污混接改造工程典型案例

【本章导读】 据国务院《水污染防治行动计划》要求，至2020年，我国京津冀、长三角、珠三角等区域的水生态环境状况应得到改善。其后，《城镇生活污水处理设施补短板强弱项实施方案》《关于深入打好污染防治攻坚战的意见》等政策相继发布，充分体现了国家对水环境污染防治的重视。为响应国家号召，许多地区已经开始实施雨污混接改造工程以改善水环境。本章将重点介绍长三角地区上海市浦东新区张江镇某小区的阳台立管混接改造项目。案例将从施工工艺、风险管理、质量管理、项目监理、安全生产和干系人管理等方面进行阐述，旨在总结经验以为将来的类似项目提供参考。案例的主要内容包括：

（1）项目背景，包括政策及地理背景；

（2）项目概况，包括改造前状况、改造过程和改造结果；

（3）项目经验，包括成功要素与建议。

7.1 项目背景

7.1.1 政策背景

自2015年以来，上海市开始逐步调查并改造其雨污混接系统。目前，已有大量小区完成了雨污混接改造工作。2021年年初，上海市人民政府办公厅印发了《上海市2021—2023年生态环境保护和建设三年行动计划》(下称“该行动计划”)，该行动计划确定了2021—2023年环境保护工作的指导思想和总体目标。总体目标上，该行动计划明确到2023年，上海市全市的生态环境稳中向好，生态空间的规模、质量、功能稳定提升，生态环境风险得到全面管控，绿色生产、生活方式加快形成，生态环境治理体系和治理能力现代化取得明显进展。具体而言，至2023年，上海市全市污水处理率应达到97%以上，农村生活污水处理率达到89%，主要河段水质达到Ⅲ类及以上的比例稳定在55%左右。另外，该行动计划明确指出，须着力控制城市面源污染，进一步推进雨污混接改造，建立雨污混接问题的动态预防、发现和处置机制，同时开展绩效评估，推动后续进一步改造。

2020年以前，浦东新区已经开展过一轮雨污混接改造工作。这之后，由浦东新区水务局牵头，又力图在基本完成上一轮老旧小区雨污混接改造的基础上，开展新一轮的改造工作，继续推进住宅区雨污混接改造工程的全覆盖。计划在2021年完成住宅区雨污混接改造调查、计划编制、项目确定、前期审批等工作，并于2022年全面推进项目建设，年底前基本完成住宅区雨污混接改造工作，完善雨污混接长效改造机制。

《浦东新区外环以内排水系统规划(2020—2035)》中提到，本区的排水系统规划目标是：到2035年，通过建设调蓄设施和海绵设施，实现城乡污水的完全收集和处理，有效控制城市面源污染，满足水功能区划的要求；到2035年，实现排水污泥100%无害化处理和处置，资源化利用和综合利用率达到70%以上。因此，就该规划确定的近远期目标而言，浦东新区张江镇某小区的阳台立管混接改造项目的改造目标为：完成小区内部雨污混接改造，所有的雨污水管道全部接入浦东新区市政雨污水管网，污水收集率达到100%，从而提高小区居民的生活质量，满足民众对优质水环境日益增长的需求。

7.1.2　地理背景

项目所在地浦东新区位于上海市东部，其因处于黄浦江以东而得名。浦东新区东临东海，南临杭州湾，西隔黄浦江与宝山、杨浦、虹口、黄浦、徐汇区相邻，西南与奉贤、闵行区接壤，区行政区划示意图见图7-1。全区地势比较平坦，东南部略高，西北部较低。地面标高一般在3.5～4.5 m之间，部分地区在3.2 m左右，平均标高4.2 m。

地质结构上，浦东新区几乎都是第四纪现代沉积构造，表土层有粉砂质黏土、粉细黏土和粉土质亚砂土三种。土层厚度一般为3～4 m，承载力为80～100 kPa。下层是灰色粉土质黏土，局部地区含淤泥质。另外，浦东新区大部分地区都有硬土层，其承载力为500～600 kPa。

水文上，浦东新区三面环水，是平原感潮河网地区，现有的水系是长期自然发展和人工改造的结果。目前而言，浦东新区河流分布不均匀，南密北疏、中心城内密中心城外疏、农村区域密城市化区域疏。浦东新区的内河水位已经可以人工调控，常年维持在2.5～2.8 m之间；外围水域的潮汐特点是非常规浅海半日潮，即一个太阳日(24 h 50 min)内会有两次高潮和低潮，且各不相等。浦东新区地下水位较高，距地面0.3～1.5 m。

气候上，浦东新区位于北亚热带东季风盛行地区，四季分明、冬夏长、

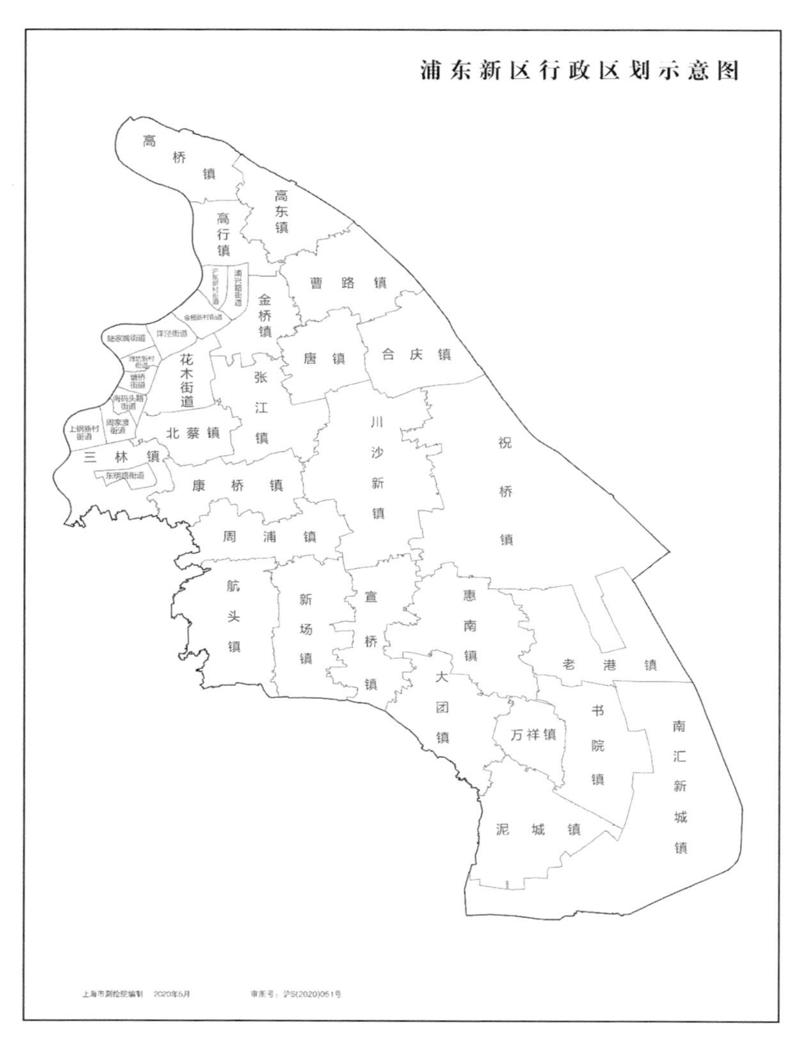

图 7-1 上海市浦东新区行政区划示意图

来源：上海市测绘院［审图号：沪 S(2020)051 号］

春秋短，雨量充沛，年平均降雨量为 1 244.4 mm，平均降雨天数为 129 d；浦东新区光照充足，年平均日照时数为 1 974.4 h，平均气温 16.3℃。

污水处理系统上，上海市全市规划格局为石洞口、竹园、白龙港、杭州湾沿岸、嘉定及黄浦江上游、崇明三岛六大区域分片处理。浦东新区涉及竹园、白龙港和杭州湾沿岸三个区域，项目所在地张江镇则属于白龙港区域。

张江镇东临川沙新镇、唐镇，西邻花木街道、北蔡镇，南边与康桥镇接壤，北与金桥镇相邻，总面积为 42.01 km^2。其所属的白龙港区域污水处理系统服务面积 1 060 km^2，规划服务人口 970 万人，规划日均污水量 370 万 m^3，初期雨水量和混流污水量约 175 万 m^3，有白龙港污水处理厂、虹桥污水处理厂和白龙港第二污水处理厂三个污水处理厂。

具体排水系统上，案例小区属于科教东块排水系统。科教东块排水系统的服务范围东起吕家浜，西至金科路，南起川杨河，北至吕家浜，总面积为 3.06 km^2。科教东块排水系统管道直径为 DN1350～DN2400，沿张衡路—爱迪生路—高科中路将雨水收集到位于高科中路与马家浜交会处的张江集镇雨水泵站。科教东块排水系统的径流系数见表 7－1。

表 7－1　科教东块排水系统径流系数

下垫面类型	实测面积(km^2)	实测径流系数
屋顶	1.18	0.57
道路	0.54	
绿化	1.06	
水面	0.07	
其他(硬质地面)	3.06	
小计	5.91	

科教东块排水系统规划的排水模式为分流制强排模式，而根据前期排摸，案例小区存在雨污水混接的情况。为解决雨污混接导致的河道污染等问题，实现河流断面水质水体稳定，迫切需要对该小区进行雨污混接改造。

7.2 项目概况

7.2.1 改造前问题

改造前的案例小区为雨污分流制，污水出口 1 个，接入小区西侧高斯路市政污水管道（DN400，向南）；雨水出口 4 个，其中 2 个接入高斯路市政雨水管道（DN1200，向南），2 个排入吕家浜河道。小区南侧（靠近建中路）有独立商铺，商铺的雨污水管道齐全，雨水独立排入市政雨水管道，污水混接入市政雨水管道排出。

内部楼栋上，建筑物南北立面通顶雨水立管、空调冷凝水立管，管道完好无损，没有混接现象。其中，北立面雨水立管和空调冷凝水立管中的水排入建筑物周围的明沟，并通过明沟排入雨水管道。埋地雨水及污水管道完整且排列清晰；南外立面雨水立管直接接入雨水检查井，空调冷凝水管排入明沟，并通过明沟排入雨水管道。小区楼栋管道情况见图 7－2。

(a) 建筑物北侧管道情况

(b) 建筑物南侧管道情况

图 7－2 小区楼栋管道情况

来源：上海百通项目管理咨询有限公司监理分公司

然而，小区的雨污水管道仍然存在以下问题：

（1）南北阳台内均设有连接地漏的通层立管，北阳台的通层立管直接接入雨水检查井，南阳台通层立管中的水排入明沟并通过明沟排入雨水管道，如图 7－3 所示。部分住户会在阳台安装洗衣机，导致洗衣废水进入通层立管，从而混入雨水管道，属雨污混接。

(a) 北阳台通层立管情况　　(b) 南阳台通层立管情况

图 7－3　阳台通层立管情况

来源：上海百通项目管理咨询有限公司监理分公司

（2）建筑物南侧垃圾房内设有水斗，清洗垃圾箱的污水会通过其直接排入雨水管道，属雨污混接，如图 7－4 所示。

（3）建筑物南侧的埋地管道中仅有雨水管道，虽雨水管道完整，但未见埋地污水管道。

（4）建筑物南侧商铺中的污水混接入雨水管道。

7.2.2　改造方案

根据案例小区雨污水管道的现状，项目相关人员结合上海市及浦东新区的生态环境保护及排水系统规划等文件的要求，提出了合理的雨污

图 7－4　小区垃圾房情况

来源：上海百通项目管理咨询有限公司监理分公司

混接改造方案，完成了小区内的雨污混接改造，将所有雨污水管道分别纳入市政雨污水管网中，并对相关的道路和绿化进行修复，从而提高了小区居民的生活质量，满足其日益增长的对优质水环境的需求。

小区的地下雨污水管道状况良好，主要问题是管网系统不全和雨污混接。因此改造方案基本保留了小区原有的雨水和污水管道，只对相应缺失部分进行补充。具体方案见下：

（1）将南北阳台的通层立管改接到污水检查井，并在连接前设置水封井。

（2）将垃圾房内的水斗改接入污水检查井。

（3）建筑物南侧铺设埋地污水管道，以解决南侧管道缺失问题。

（4）小区商铺的污水管重新铺设，与市政污水管道连接，并在连接前安装排水专用检测井。

（5）建筑物周围的雨水明沟排放口改接到新铺设的污水检查井，并在连接前设置水封井。

(6) 关闭吕家浜河道的排水口，重新铺设雨水管道，使其与高斯路市政雨水管道相连。

(7) 小区污水总管连接市政污水管道前安装排水专用检测井。

该改造方案涉及的工程量统计如表 7-2 所示。

表 7-2　工程量统计

雨污水埋地管(m)	716
新建立管(m)	60
出户管(m)	138
检查井(座)	124
排水专用监测井(座)	2
道路修复(m^2)	238
绿化修复(m^2)	1 180

7.2.3　改造工艺：以格栅池为例

本项目属小区雨污混接改造工程，在污水出口处应设置污水检测井，即格栅池，从而检查并清理管道。格栅池的结构尺寸见图 7-5。

格栅池为混凝土现浇结构，采用明开挖施工。混凝土强度等级为 C30，抗渗等级为 P6。污水格栅池挖深小于 3.5 m 且周边环境开阔时，采用 6 m 长[32a 槽钢围护、同型号槽钢围檩＋圆管支撑；基坑深度大于 3.5 m 或临近水源、止水要求高或临近建构筑物等基坑允许变形小的部位，基坑围护采用 9 m 长Ⅲ型拉森钢板桩围，200×200×12×12H 型钢围檩＋同型号型钢支撑。详细施工方案及工艺见下。

装卸钢板桩宜采用两点吊。吊运时，每次起吊的钢板桩根数不宜过多，并应注意保护锁口免受损伤；钢板桩堆放的地点，要选择在不会因压

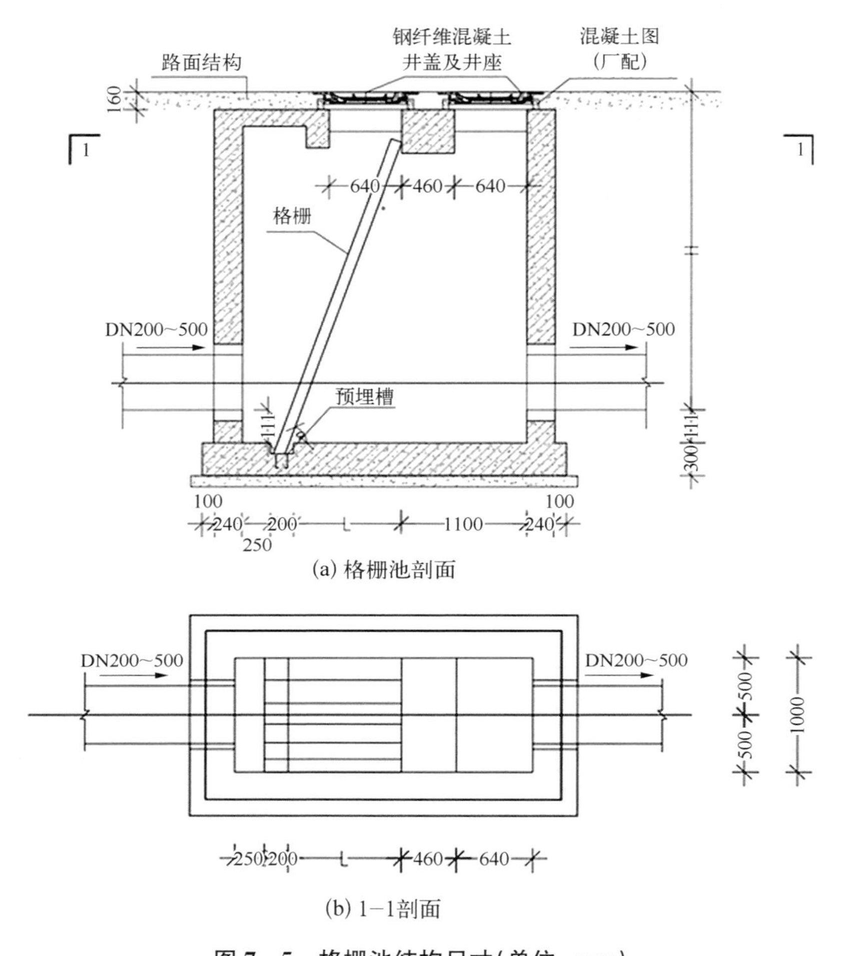

(a) 格栅池剖面

(b) 1—1剖面

图 7－5　格栅池结构尺寸(单位：mm)

来源：上海百通项目管理咨询有限公司监理分公司

重而发生较大沉陷变形的平坦而坚固的场地上，并便于运往打桩施工现场。

钢板桩的检验一般有材质检验和外观检验，以便对不合要求的钢板桩进行矫正，从而减少打桩过程中的困难。外观检验包括表面缺陷、长度、宽度、厚度、高度、端部矩形比、平直度等，拉森钢板桩还需要检查锁口形状。检查中要注意：

（1）对打入钢板桩有影响的焊接件应予以割除；

（2）割孔、断面缺损的应予以补强；

（3）若钢板桩有严重锈蚀，应测量其实际断面厚度。原则上要对全部钢板桩进行外观检查；

（4）锁口检查的方法：套锁试验，用一块长约 2 m 的同类型、同规格的钢板桩作标准进行试验。

基坑钢板桩支护采用液压振动打桩机，作为沉设钢板桩主要动力，投入多台钢板桩打拔桩机用于施工。打拔桩机为挖掘机加液压高频振动锤改装而成，施打前一定要熟悉地下构筑物的情况，认真放出准确的支护中线。

钢板桩主要采用单根打入法，对于深度较深或由于道路保通要求、空间限制等而需要较高定位精度的基坑，考虑到单根打入过程中钢板桩容易向一边倾斜且误差积累不易纠正，可采用围檩式、屏风式打入法，这两种打入法不易使板桩发生屈曲、扭转、倾斜和墙面凹凸，打入精度高，易于实现封闭合拢。施工时，屏风式打入法是将格栅井一侧所有的钢板桩成排插入导架内，使它呈屏风状，然后再施打，围檩式打入法是在地面上一定高度处离轴线一定距离，先筑起单层或双层围檩架，而后将钢板桩依次在围檩中全部插好，待四角封闭合拢后，再逐渐按阶梯状将钢板桩逐块打至设计标高。

导架，亦称“施工围檩”，通常由导梁和围檩桩等组成，围檩桩的间距一般为 2.5～3.5 m，双面围擦之间的间距不宜过大，一般略比板桩墙厚度大 8～15 mm。安装导架时应注意以下几点：

（1）采用经纬仪和水平仪控制和调整导梁的位置；

（2）导梁的高度要适宜，要有利于控制钢板桩的施工高度和提高施工工效；

（3）导梁不能随着钢板桩的打设而产生下沉和变形；

(4) 导梁的位置应尽量垂直,并不能与钢板桩碰撞;

(5) 根据拟定的围檩标高,在围堰钢板桩上划线做标记;

(6) 安装标高确实后,可按照围檩的安装长度烧焊钢牛腿,牛腿采用10♯槽钢,单根围檩焊接不少于两个,然后分段安装围檩就位,要求紧靠围护桩,上下外侧翼缘板要对齐,采取点焊的形式焊接在钢板桩上,然后焊接围檩连接板;

(7) 围檩安装完后,在围檩型钢上画出拉结位置,根据支撑角度,用氧乙炔割成预定角度,然后再用电弧焊焊接于围檩上,最后进行焊接部位的检查,确保焊接质量;

(8) 因支撑高度与格栅井标高重叠,在格栅井底板混凝土浇筑并达到设计强度 80%后,拆除中间支撑。

钢板桩施工应满足:

(1) 钢板桩的设置位置要符合设计要求,便于格栅井施工,即在基础最突出的边缘外留 0.6～0.8 m 的空间,供支模、拆模用;

(2) 基坑护壁钢板桩的平面布置形状应尽量平直整齐,避免不规则的转角,以便标准钢板桩的利用和支撑设置。各周边尺寸符合板桩模数;

(3) 围檩与钢板桩不密实处,用混凝土填实;

(4) 整个基础施工期间,在挖土、吊运、轧钢筋、浇筑混凝土等施工作业中,严禁碰撞支撑,禁止任意拆除支撑,禁止在支撑上任意切割、电焊,也不应在支撑上搁置重物;

(5) 基坑深度超过 3.8 m 的,采Ⅲ型 9 m 长密扣拉森钢板桩。拉森钢板桩采用履带式挖土机(带震动锤机)施打,施打前一定要熟悉地下管线、构筑物的情况,认真放出准确的支护桩中线;

(6) 打桩前,对钢板桩逐根检查,剔除连接锁口锈蚀、变形严重的钢板桩,不合格者待修整后才可使用;

(7) 打桩前,在钢板桩的锁口内涂油脂,以方便打入拔出;

(8) 在插打过程中随时测量监控每块桩的斜度不超过2%,当偏斜过大不能用拉齐方法调正时,拔起重打;

(9) 单桩施打顺序是从一角开始逐块插打,每块钢板桩自起打到结束中途不停顿;

(10) 钢板桩施打采用屏风式打入法将基坑一侧的所有钢板桩成排插入导架内,使它呈屏风状,然后再施打。将屏风墙两端的一组钢板桩打至设计标高或一定深度,并严格控制垂直度,用电焊固定在围檩上,然后在中间按顺序分1/3或1/2板桩高度打入;

(11) 拉森钢板桩应密扣且保证开挖后入土不小于4 m,保证钢板桩顺利合拢,基坑的四个角要使用转角钢板桩;

(12) 对于临水部位的围护桩打入后,及时进行桩体的闭水性检查,对漏水处进行焊接修补,每天派专人进行检查桩体;

(13) 根据建筑基坑支护技术规程,钢板桩围护墙施工质量检测标准见表7-3。

表7-3　钢板桩围护墙施工质量检测标准

序号	检查项目	允许偏差或允许值	
		单位	数值
1	成桩垂直度	—	≤1/100
2	桩身弯曲度	—	1%L(L为桩长)
3	轴线位置	mm	±100
4	桩顶标高	mm	±100
5	桩长	mm	±100
6	齿槽咬合程度	—	紧密

若需要拔桩，则采用振动锤拔桩，即利用振动锤产生的强迫振动，扰动土质，破坏钢板桩周围土的黏聚力以克服拔桩阻力，依靠附加起吊力的作用将桩拔除。拔桩时应注意：

（1）拔桩起点和顺序：对封闭式钢板桩围护，拔桩起点应离开角桩5根以上。可根据沉桩时的情况确定拔桩起点，必要时也可用跳拔的方法。拔桩的顺序最好与打桩时相反；

（2）振拔：拔桩时，可先用振动锤将板桩锁口振活以减小土的黏附，然后边振边拔。为及时回填拔桩后的土孔，当把板桩拔至比基础底板略高时暂停引拔，用振动锤振动几分钟，尽量让土孔填实一部分；

（3）起重机应随振动锤的启动而逐渐加荷，起吊力一般略小于减振器弹簧的压缩极限；

（4）对引拔阻力较大的钢板桩，采用间歇振动的方法，每次振动15 min，振动锤连续不超过1.5 h；

（5）钢板桩拔出后应对空隙回填黄砂。

基坑开挖均采用明挖法施工，采用机械和人工相结合的施工方法，即用履带式挖机开挖，坑底配以人工修整。开挖时，挖掘机停在基坑一侧，土方运输车停在挖机后方或一侧，车尾朝开挖面，挖机挖斗不得越过驾驶室。在挖至围檩下口处，进行基坑支撑。挖土时要严格控制基坑基底标高，为防止扰动基坑底土层或超挖，机械挖土控制在距槽底设计标高20～30 cm处，采用人工挖土，修整基底，清除淤泥和松土。若有超挖或遇障碍物清除后，采用砾石砂填实。根据基坑长度布设集水井和抽水泵，确保在施工期间基坑内无积水。挖土时要设专人指挥，并维护施工现场安全和施工机械运转范围的围护标志。

基坑开挖时应注意：

（1）基坑开挖采用长臂挖机分层开挖；

（2）土方随挖随外运，不得在基坑附近堆土，弃土堆放应远离基坑3

倍基坑深度以外；

（3）基坑开挖对称进行，不得超挖，因基坑深度不大，可一次开挖到底。采用钢支撑的狭长形基坑可采用纵向斜面分层分段开挖的方法，分段长度宜为 3～8 m，分层厚度宜为 3～4 m；

（4）土方开挖的顺序、方法遵循“开槽支撑、先撑后挖、分层开挖、严禁超挖”的原则；

（5）机械挖土时，坑底保留 200～300 mm 厚土层用人工挖除整平，防止坑底土扰动；

（6）支撑采用整体起吊安装方法，斜撑采用 200×200×12×12 H 型钢，设置在距坑顶 0.5 m 处；

（7）开挖土体至基坑底面，浇筑素混凝土垫层、格栅井结构。

土方开挖工作开始之前，应在基坑四周埋设监测点和基准点，并观测一次。土方开挖初期观测时间间隔不宜超过 2 次/d，在开挖第一层时位移较小，在开挖第二层时（如基坑分 2 次开挖）位移较大，开挖完毕后基坑围护基本处于稳定状态，在连续降雨的时候围护桩会略有位移。一直监测至基坑回填完毕。开挖后期应每天观测。监测精度应符合现行国家标准《建筑基坑工程监测技术规范》（GB 50497—2019）的要求，即监测警报值为边坡水平位移累积至30 mm、水平位移和沉降连续 3 d 达到 3 mm/d 或变形速率连续变大。

在基坑开挖和钢板桩围堰期间，定期对钢板桩顶的位移以及周边的地面道路观测，及时掌握基坑变形位移情况，确保基坑稳定及道路交通的安全。

基坑开挖后，支护施工人员必须每天对现场情况进行目测检查，当出现险情及时报告给有关各方，以便采取加固措施。

挖土结束后进行基坑验槽，复核轴线、基坑尺寸和地基承载力是否符合设计要求。基坑验槽合格后，应立即浇筑 100 mm 厚 C15 素混凝土垫层，避免基槽暴露时间过长。垫层施工完成达到一定强度后，再次使用全站仪在垫层上投射格栅井中心线位置，做好标记。根据中心线施放轴线及格栅井边线，同时用水准仪复核桩顶标高，做好记录。垫层完成后复核垫层面标高，合格后方可进入下道工序。

在对底板进行施工时，底板钢筋由钢筋加工场内下料后运至坑内绑扎。钢筋进场要及时提供钢筋质保书、钢筋试验报告、钢筋直螺纹接头试验报告，进场钢筋挂牌、分规格堆放。会同监理对直螺纹接头抽查并送试验室检测。

钢筋绑扎前，首先由测量人员在混凝土垫层上放出格栅池底板平面轮廓线，根据轮廓线划分钢筋平面位置线，钢筋工班根据划分的平面位置线进行钢筋绑扎，确保钢筋位置的准确性。钢筋底部及四周应加设混凝土垫块，基础底板纵向钢筋混凝土垫块厚度应不小于 40 mm，垫块的密度以间距 1 m 左右，以防露筋。

底板钢筋绑扎的同时，做好墙身钢筋的预埋，本工程格栅井墙身钢筋高度约 3.8 m，高度较大，需要设置辅助定位筋确保墙身钢筋的垂直。墙身钢筋与基础下排钢筋点焊固定，在基础底板上排钢筋位置处设置定位箍筋固定限位，并仔细测量复核，避免墙身立筋错插造成返工。墙身立筋定位完成后，绑扎水平筋，按照图集间隔点绑扎固定。

顶板钢筋在底板底模铺设后绑扎，按照图集要求的钢筋间距布置纵横向钢筋，下层绑扎后，设置马凳筋，绑扎上层钢筋。

模板采用 18 厚胶合板，50 cm×100 cm 方木背档，结构底板用小木桩固定，再沿垫层边每米竖向打一根 5 cm×10 cm 木桩，木桩入土深度应大于 50 cm，木桩与模板背档间用木垫板嵌实，木桩上部钉斜木撑，木撑另一端支撑在钢板桩上，并有固定措施，确保有足够的支撑力。在两个支点木桩中间钉木板对拉两侧模板，防止跑模。

墙身模板材料与底板相同，采用双排钢管外楞，Φ16 对拉螺杆固定，螺杆间距 500～600 mm，并在中间焊接止水片，两端设置 2 cm 木垫块，在混凝土浇筑拆模后，抠出木垫块，气焰割除外露的螺杆，用 1：2 水泥砂浆补平。

顶模板在井内搭设钢管支撑架，最上层水平钢管作为承力杆，模板搁置其上，与墙身模板钉子固定。墙身外模板顶部用钉长条方木对拉固定。

污水格栅井混凝土标号为 C30，采用商品混凝土。混凝土搅拌车运输，用溜槽下料至浇筑点，运输车辆不便时，采用泵车直接泵送混凝土。混凝土施工时，应优化浇筑工艺，“斜面分层，薄层浇注”，连续推进。具体来说应满足：

（1）格栅池按照二次浇筑，第一次浇筑底板，第二次浇筑墙身及顶板。墙身混凝土分层浇筑，分层振捣，每层浇筑厚度 30 cm；

（2）格栅井顶板以下部 2 m 部分的混凝土浇筑须用溜槽、串筒入模。分层浇筑，每层浇筑须在下层混凝土未初凝前完成，以防出现施工冷缝；

（3）混凝土振捣采用直径 50 mm 或 70 mm 的插入式振捣器。振捣时插入下层混凝土 5～10 cm，并保证在下层混凝土初凝前进行一次振捣，使混凝土具有良好的密实度和整体性。振捣中既要防止漏振，也不能过振；

（4）浇筑过程中设专人检查钢筋和模板的稳固性，发现问题及时处理；

（5）混凝土在浇筑振捣过程中会产生多少不等的泌水，浇筑过程中应排出泌水，还要注意及时清除粘附在顶层钢筋表面上的松散混凝土。

若遇冬雨季施工，应：

（1）由专人负责收听一周及三天内的天气预报，及时并提前预测气温和天气变化，避免大雨和气温突降浇筑混凝土；

（2）储备足够的覆盖、保温材料，在突发降雨、降温时，能迅速组织材料进行覆盖和保温；

（3）加强测温控制，覆盖的厚度根据气候变化适时进行。

另外，应预见到由于交通拥堵、混凝土车辆及供料等问题导致的混凝土浇筑连续性的问题，因此需要：

(1) 保证现场单台泵车待浇筑的混凝土罐车辆数不得少于 5 台，出现罐车供应不足时，及时与搅拌站联系；

(2) 配备 1 台不小于 10 kW 的柴油发电机(保证一根震动棒、一台潜水泵及若干办公设备同时用电)并贮备可供 4 h 连续发电的油料。发电机应定期进行检修，保证随时可以运行；

(3) 合理组织施工人员，换班人员未到位时不得离岗中断施工。

在混凝土浇筑完成后，立即覆盖进行保温、保湿养护，养护时间不少于 7 d，并应每天检查，特别注意防止养护期间缺水干裂。

最后，在进行基坑回填时，分两次进行。第一次在井身浇筑拆模后，回填至井身预留洞下，连接管道的基础底部；第二次回填在管道连接完后，回填至道路基础底部，在绿化带内的，与原地面平齐或略高。回填按照要求采用黄砂回填及原土回填，回填应分层进行，每层松铺厚度不超过 30 cm。采用小型压实机械夯填密实，基坑位于道路范围内的，其回填密实度按照相关道路回填要求，见表 7－4。

表 7－4　道路回填要求

<table>
<tr><th rowspan="2">填挖类型</th><th rowspan="2">路床顶面以下深度(cm)</th><th rowspan="2">进路类别</th><th rowspan="2">压实度(%)(重型击实)</th><th colspan="2">检验频率</th><th rowspan="2">检验方法</th></tr>
<tr><th>范围</th><th>点数</th></tr>
<tr><td rowspan="3">挖方</td><td rowspan="3">0～30</td><td>城市快速路、主干路</td><td>≥95%</td><td rowspan="6">1 000 m²</td><td rowspan="6">每层3点</td><td rowspan="6">环刀法、灌水法或灌砂法</td></tr>
<tr><td>次干路</td><td>≥93%</td></tr>
<tr><td>支路及其他小路</td><td>≥90%</td></tr>
<tr><td rowspan="3">填方</td><td rowspan="3">0～80</td><td>城市快速路、主干路</td><td>≥95%</td></tr>
<tr><td>次干路</td><td>≥93%</td></tr>
<tr><td>支路及其他小路</td><td>≥90%</td></tr>
</table>

续　表

填挖类型	路床顶面以下深度(cm)	进路类别	压实度(%)(重型击实)	检验频率		检验方法
				范围	点数	
填方	80～150	城市快速路、主干路	≥93%	1 000 m²	每层3点	环刀法、灌水法或灌砂法
		次干路	≥90%			
		支路及其他小路	≥90%			
	>150	城市快速路、主干路	≥90%			
		次干路	≥90%			
		支路及其他小路	≥87%			

7.2.4　改造成效

本项目的实施极大改善了小区的环境、居民的生活和工作环境。基础设施的改善将为居民提供更加舒适的生活条件，从而为居民的便利生活奠定良好的基础，进一步提高其生活质量，创造更加和谐的生活环境。另外，本项目也保证了小区排水系统服务范围内的良好卫生环境。雨污分流系统的全面建设将彻底扭转目前废水未经处理直接排入周边河流的做法，从而提高周边河流的水质。

在经济效益上，本项目是一个非营利性公益项目，主要侧重于环境和社会效益。项目建成后，在运营过程中重点应放在加强维护和降低成本上，以实现经济效益目标。尽管本项目并不会直接产生经济效益，但雨污分流系统的完善将对整个张江镇的发展产生深远的影响，它将有助于协调社会经济发展和环境保护的目标，为整个张江镇的经济增长带来巨大好处。同时，本项目有利于降低环境污染，减少疾病，提高健康水平，并改善周边环境的生态状况，提高居民的生活质量。

7.3 成功要素

7.3.1 工程原则

本工程在开工前制订了数条原则，以指导解决项目进行过程中可能出现的各种问题，具体来说，本工程方案设计的原则为以下 11 条。

（1）设计要合理、经济、科学，留有余地。

（2）严格遵守雨污分流，避免雨污混接，保护水环境。

（3）在将小区污水管道与市政污水管道连接之前，必须先安装格栅检查井。

（4）原有的屋顶雨水立管如存在雨污混接，应进行雨污混接改造，并将改造后的雨水立管接入新建雨水管道。

（5）小区道路雨水口应与新建雨水管道连接，当路边有条件设置植草沟或下凹式绿地，可将道路雨水口改建至绿地中。在设计植草沟和下凹式绿地等低影响开发设施时，可参考现行国家标准《城镇内涝防治技术规范》(GB 51222—2017)的相关规定。

（6）阳台和屋面雨落水管共用一个立管且存在雨污混接的情况下，新建屋面雨落水管，原雨落水管改为阳台废水管，并适用以下规定：

① 与屋面天沟的连接可采用新建屋面雨水斗，或将原雨落水管切断并将新建雨落水管与原屋面雨水斗连接；

② 新建雨落水管的管径不得小于原雨落水管的管径，并应采用间接排水方式；

③ 改造后的废水立管顶部应设置伸顶通气管，通气管的设置应满足现行国家标准《建筑给水排水设计规范》(GB 50015—2019)的规定；废水横管没有设置存水弯的应先接入水封井，然后排入室外污水管道，如图 7－6 所示。

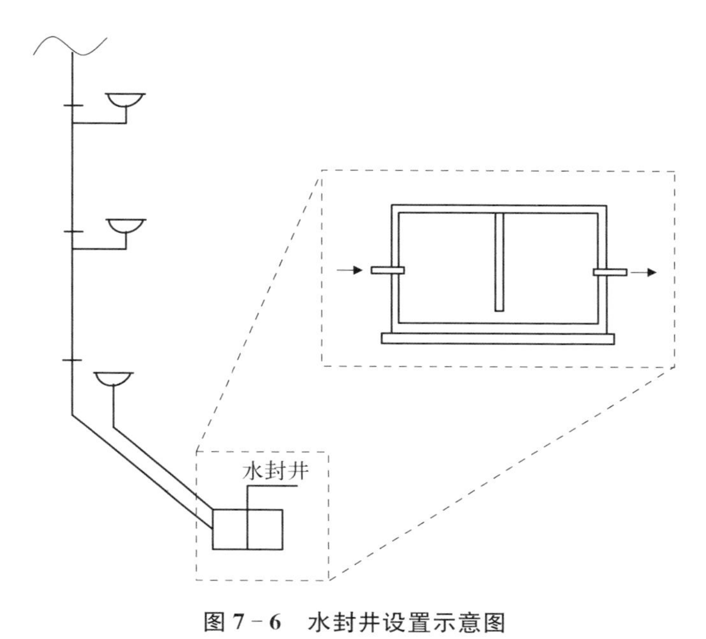

图7-6　水封井设置示意图

来源：作者根据《上海市住宅小区雨污混接改造技术导则》绘制

(7) 如小区在雨天出现积水，应结合雨污混接改造，通过设置低影响开发设施、提高雨水管道输送能力、调整道路倾斜程度、优化排水区域等方式，改善小区排水条件。如果需要扩大雨水管道的管径，应结合市政道路雨水管道接口条件和浦东新区排水规划要求来综合确定新的管径。

(8) 雨污混接处应永久性封堵、截断。

(9) 将污水排入污水管道，并对下游管段的排水能力进行校核。

(10) 新建废水立管，并将混接的阳台废水经带存水弯的横支管接入新建废水立管。废水立管顶端应设置伸顶通气管，通气管的设置应符合国家标准《建筑给水排水设计标准》(GB 50015—2019)的规定。原雨落水管上的废水接入口应进行封堵。

(11) 阳台雨落水管为独立设置且存在雨污混接时，应将该管道接入室外污水管道。

对原有已损坏的排水管道进行修复时，本工程方案设计的原则为：

（1）修复管道时，应确保修复后的管道满足原有的排水能力并适用于浦东新区管道疏通养护要求；

（2）选择修复方案时，必须考虑工程的地质情况、管道建设年代、管道接口、地基结构以及浦东新区管道养护部门对管道维护的要求，并结合各修复方式的适用条件、修复效果以及修复成本，综合确定；

（3）对同一管段有多处（3 处及以上）结构性损坏或腐蚀的管道，应进行整体开挖修复，以尽量减少管道过水断面的连续变化，改善水力条件，并防止二次损害；

（4）对因集中受力而损坏的管道（如缺陷等级为三级及以上的渗漏或破裂）进行非开挖整体修复，即使管道本身的结构状况良好；

（5）如果同一管段上有 3 个以上的局部修复点，或管道整体处于流砂层，且有多处管段需要修复，应考虑对整个管道进行修复；

（6）对于局部损坏严重，非开挖局部修复技术无法修复的管道（如错口过大、管道变形大于等于 3 级），应采用开挖修复；

（7）对采用开挖修复的排水管道进行翻新后，应恢复现有的绿化和路面；

（8）对采用非开挖整体修复的管段，采用 CIPP 翻转式原位固化整体修复；

（9）对采用非开挖局部修复的管段，采用局部树脂固化内衬修复技术；

（10）对于有沉淀、淤积和堵塞等功能缺陷的排水管道，未来应增加疏通和日常维护，以保持排水管道的过流能力。

工程原则规定了工程进行的方向，也为项目人员提供了指导原则，不仅能确保工程的范围，也在一定程度上保证了工程的质量，为工程成功提供了重要保障。

7.3.2　风险管理及质量管理

在项目实施过程中，可能会遇到各种风险。提前预判风险的类型、发生概率和后果，并制订相应的预防措施，可以使项目按照计划顺利执行，保证成功。

具体而言，本项目识别得到的风险有：

(1) 项目实施地在居民区，人、车通行量大，如果设计、管理、施工和运营不当，有可能发生沟槽坍塌，造成路面和周边建筑物、市政公用管线的破坏，甚至造成生命财产损失；

(2) 道路交叉口和小区门口的地下管线错综复杂，在开挖工程中存在损坏管线的风险，可能导致地下管线爆裂等危险事故，影响市民的生活；

(3) 将新的排水管道与旧的排水管道连接时，如果临时排水措施和管道维护不到位，有可能发生管道截断或堵塞，影响正常排水，甚至造成道路积水，从而污染环境；

(4) 小区路口车行道狭窄，修建排水管道会增加交通事故风险，影响人员通行；

(5) 如果消防措施不到位，施工中将存在火灾风险；

(6) 新的排水管道与旧的排水管道连接前，如未能监测到管道中可能存在的有毒、有害、易燃易爆气体，可能会出现硫化氢中毒等风险；

(7) 格栅池施工、起重吊装时可能存在高处坠落风险；

(8) 使用施工机具时，若操作不当容易发生触电、机械伤害。

针对这些风险，本项目相应制订了以下一系列风险应对措施。

(1) 通过收集竣工图、实地勘察、物探、测量等手段，明确排水管道、管线和各种公用设施的位置、标高、类型和口径等，从而在充分调查现有情况的基础上，优化管道的设计位置，合理确定排水管道的设计方案，尽量减少对其他公共管道和沿线居民生活的影响。严格按照法律、法规、工程强制性标准、规划条件和勘察结果文件进行设计，做好质量安全风险评估，优化并改进设计，科学确定设计和施工方案。

(2) 注意设计交底，向建设单位和监理单位说明工程意图，解释设计研究报告和设计文件，指导施工单位按照设计要求和有关技术标准进行施工，并认真落实设计方案中的质量安全保护措施。为防高坠风险，当施工环境大于等于 3 m 时，应编制专项施工方案，大于等于 5 m 时，须对相关施工方案进行专家论证，以防止施工坠落问题。

(3) 结合地形条件、施工场地大小、土壤类型和性质、地下水位、附近建筑物的管线地形位置等因素，确定施工方法和沟槽围护方式。严格按施工及验收规程中规定的流程和要求，做好原材料检测、各主要工序的监测报告和记录等工作。对处于沉降影响范围内的公共管线、建(构)筑物和路面，做好监测和保护。积极配合项目建设，解决建设单位和施工监理提出的问题，做好设计变更和预算修改工作。

(4) 新排水管与旧排水管相连时，应设置临时排水管，并配置一定数量的水泵设备。施工中排出的废水应过滤后再排入附近的排水管，并设置水泵作为备用泵。

(5) 为了防止火灾的发生或减少火灾带来的损失，按照“预防为主，防消结合”的方针，在施工中采取相应的预防措施：

① 如果发生火灾，采用水、化学灭火相结合的方式，利用附近的市政消防栓来扑灭初期火灾。同时，相关管理部门应立即向附近的消防队发出报警信号，请求援助，防止火势蔓延；

② 电力设施应配备完整的保护系统，如短路、过载、漏电保护等，以防止电气火灾的发生；

③ 申办动火审批手续，现场设监护，配灭火器材；

④ 动火人员持证上岗，严格遵守“十不烧”规定。

(6) 加强安全知识培训，向从业人员宣传有毒有害气体可能存在的位置、气味特征和危险特性，提高从业人员对安全防范措施的认识和自救互救能力，避免盲目施救。加强对从事排水管道、隧道和孔下作业的临时工、农民工和分包工的安全培训。让工人了解工作和工作场所中的风险，加强安全监测和预防措施，并指定专人在工人工作前和工作中监督其安全作业，保证安全防护设备的正确佩戴和使用。

（7）施工单位要建立安全管理体系，完善安全管理制度，加强安全教育，制订安全技术措施，改善施工作业条件，全面落实安全责任制，严格遵守安全操作规程，签订安全合同，认真落实定期和不定期检查制度，及时消除安全隐患。加强对电气设备、机械和装置的定期检查，确保其符合安全标准。要求施工机具操作人员持证上岗，并正确佩戴劳防用品，避免触电及机械伤害。做好施工现场及邻近建筑物、构筑物、地上和地下公共管线的保护工作，防止事故发生。

以上措施可以切实降低在施工前以及施工过程中可能风险的发生概率，并降低风险发生后的后果，从而有力保证工程的顺利实施并提高工程的质量。

7.3.3　项目监理制度

为保证案例小区雨污混接改造工程的顺利实施，作为项目监理方，上海百通项目管理咨询有限公司组织了若干安全、质量、资料等方面经验丰富的监理工程师，成立监理板块工程管理部督导组。

项目开工前，督导组对项目监理机构进行全面的工作交底。施工过程中，督导组不定期巡视检查工地，并统筹协调各项目监理机构，每月召开至少两次指挥部会议并要求项目监理机构督促施工单位加强施工现场安全管理，提高工人安全意识。验收阶段，督导组参与并全程指导工程竣工预验收。

对于质量、安全等重难点，督导组要求项目监理机构按“菜单式”管理内容对现场质量、安全（重、难点）进行针对性管理及举牌验收，并保存好相关纸质及影像资料。具体“菜单内容”示例详见图7－7。

工序	部位	监理要点	具体措施
管道工程测量放样		周边管线安全交底	（1）督促承包商在工程开工前，摸清施工区域所有公用管线，包括标高、埋深、走向、规格、数量、用途、性质、完好程度、使用情况等。做好记录，并填写市政局的《公用管线施工配合业务联系单》，向有关管线单位提出监护的书面申请，办妥《地下管线监护交底卡》手续。 （2）审查施工组织设计中，对保护公用管线的技术措施，应得到监理批准。 （3）督促承包商向有关人员作保护管线交底，明确各级人员的责任。 （4）对受保护的公用管线，应设置沉降观测点，工程实施时，定期观测管线的沉降量，及时反馈，监理应获得这些资料，以便掌握管线情况。 （5）在施工过程中遇资料中没有标明的地下管线时，可能对通信、供电、供水、供气等管线造成损坏时，可能造成事故和对作业人员安全构成威胁，因此要求施工单位要制定应急预案，对发生的突发事件进行处理。 （6）按管线保护卡的要求进行保护，当管线发生或可能发生异常又不能解决时，应立即联系相关的管理部门和人员。 （7）煤气管道漏气后气体会透过地面或通过下水道溢出，如闻到煤气特有的臭味要严格禁止明火。 （8）当发生挖断电力电缆事故时，人员要远离事故点，防止发生触电事故

工序	部位	监理要点	具体措施
沟槽回填土施工		回填条件监理	管道坞膀必须在单口试验、坞膀合格后进行。在管道隐蔽工程验收合格后，才能进行回填。回填应及时，并分层夯实，密实度要符合有关规范要求，并分段采用环刀试验法进行检查验收
		含水量和压实度监理	监测现场回填土的最佳含水量与土压实后的压实度是否符合沟槽部位回填土的设计要求
		回填检测	检测分层回填虚铺厚度、碾压机具、碾压遍数、碾压步骤是否符合施工组织设计，分段搭接是否符合要求

图7－7 “菜单式”管理内容示例

来源：上海百通项目管理咨询有限公司监理分公司

此外，项目开展至今，相关领导高度重视，不定期亲临现场检查、指导相关工作。例如，2023年4月上旬接到通知，新区环保局基建处工作组将对雨污混接改造工地进行巡视检查，重点查管材、成品井等施工材料质量及未检先用情况。为此，项目监理机构预先对工地安全文明情况进行自查自纠工作，从而识别管理漏洞并改正。

对于雨污混接改造工程施工过程中涉及的施工工序、专业技术等方面的培训，百通公司信息化技术服务平台专门开设了“云课堂”（图7－8）。通过PC端与手机移动端为载体，可以使全体员工随时随地在工作之余进行线上培训，从而提升员工综合素质及能力。

图 7－8　“云课堂”线上培训截图

来源：上海百通项目管理咨询有限公司监理分公司

最后，关于施工过程中的现场记录方面，现场监理人员通过“水印相机”实时记录施工工序（图 7－9），保存有效影像资料，从而为将来查询资料提供方便，也可为类似项目施工提供参考。

图 7－9　施工工序实时记录示例

来源：上海百通项目管理咨询有限公司监理分公司

有效的监理制度可以促进不同组织之间的协调，把控工程施工质量、进度，从而保证项目的顺利完成。

7.3.4 安全生产管理

本工程为住宅小区雨污混接改造项目，施工过程中存在的安全风险主要涉及：临边保护、下井作业、施工现场临时用电以及施工设备机械损伤等。以下是项目针对这些危险源制订出的安全方案。

临边保护：做好开挖过程中基坑维护工作；基坑两侧 3 倍基坑深度范围内严禁堆土，在此范围外，堆土高度不得大于 2 m，以防基坑塌方。

下井作业：下井作业必须履行审批手续并执行上海市的下井许可制度。在井下作业前，须委托专业潜水公司进行管道的密封和拆除，在下井封堵和拆除管道前，用大功率鼓风机从维修段两端送风，净化管道内的空气，并请专家进行现场评估，井内和管道内的有害气体浓度必须符合相关规定；在井下作业时，应进行连续的气体检测，井上应至少有两名监护人员值守，井内应指定专人进行呼唤和监护，严禁监护人员擅离职守；在井下工作的人员必须经过专业的安全培训、考核，具备在井下工作的资格，并具备急救技能和使用防护设备、照明和通信设备的能力。

施工现场临时用电：确保用电的安全防范措施和应急措施，按《施工现场临时用电安全技术规范》(JGJ 46—2005)和《建设工程施工现场供用电安全规范》(GB 50194—2014)相关规定执行，确保生产安全。

施工设备机械损伤：挖机、施工车辆存在机械伤害风险，因此操作人员必须接受正式培训并持证上岗，上岗前接受安全技术交底，施工过程中严格遵守安全操作规程；同时，应持续增强工作人员的防范意识，加强应急救援措施。

以上安全措施可以切实保证项目相关人员的人身安全，从而保证项目的顺利实施，为项目成功打下坚实基础。

7.3.5　干系人管理：文明施工

本项目是小区雨污混接改造工程，因此，项目可能造成的异议、损失或不便等社会风险主要集中在施工阶段。施工阶段的主要社会影响为噪声、扬尘、弃土和对居住区内居民日常交通的影响等。根据工程经验，管道施工对外界的影响涉及整个小区，因此本项目主要评估对象是案例小区内的住宅和居民。

在项目准备过程中，项目建设负责人和设计人员已经多次进行过实地考察，了解了民意和舆情，同时也向有关部门、单位和专家进行咨询，听取了不同的意见和建议。在此基础上，项目相关人员对利益相关方提出的意见和要求进行了认真分析和评价，并对项目的合法性、可行性、合理性和安全性进行了全面分析评估。

项目采取了许多措施来进行干系人管理。宣传上，为积极配合工程的开展，充分利用板报、橱窗、法治宣传和政策解释窗口等多种宣传载体和宣传渠道，第一时间澄清群众的疑惑，最大限度地争取群众的理解、支持和配合。行动上：

（1）定期召开专题会议，全面部署安全稳定工作，动员干部职工进一步增强政治责任感，全力维护安全、和谐、稳定的建设局面；

（2）全面开展安全自检自查工作，分专项检查、落实整改、复查验收三个阶段。对临时用电、交通保障、特种设备等专项检查制订具体实施方案；

（3）加大对全体职工安全维稳的宣传力度，积极开展安全生产工作，做好人员、设备、材料的管理，防止施工现场的人身伤害、设备事故和偷盗事件；

（4）营造和谐稳定的施工环境。各级协调人员采取综合措施，按照“和谐施工”的原则，运用创新的工作方法和完善的工作机制，从源头对矛盾进行协调，彻底排查和解决矛盾纠纷，积极主动化解矛盾，消除一切不稳定因素，为加快建设和生产创造良好的氛围。

关于施工期间的噪声，其主要源于各种类型的挖掘机、装载机等，因此在施工期间要对上述设备的使用时间进行合理规划，尽量减少在夜间及周末、节假日使用高噪声机械设备，中、高考期间暂停施工，以保证居民的正常生活以及周围商铺的正常营业。

为了减少工程扬尘对周围环境的影响，如果遇到连续的晴好天气且有风的情况下，需要在弃土表面喷洒少量的水，以防止扬尘。

对于弃土的处置和运输，建设单位须与施工区域内的相关单位合作，制订本项目的弃土处置计划。承包商应遵守该弃土处置计划，确保弃土得到及时清除，并确保卡车在装载和运输过程中没有超载。在运输过程中，建设单位应与运输公司合作，对司机进行职业道德培训，使其按照规定的路线进行运输，并按照规定的地点处置弃土。卡车应该加盖罩，以避免弃土和建材的洒落和飞扬；对于施工过程中产生的各类建筑垃圾和施工人员的生活垃圾等，也应制订合理的清运计划，并协同小区物业确定临时堆放点。另外，须对工地门前的道路环境实行保洁制度，一旦有弃土和建筑垃圾洒落应及时清扫。施工中若遇到有毒有害废弃物，应暂时停止施工，并及时与当地环保、卫生部门联系，在他们采取管理措施后，才能再继续施工。

交通方面可能会影响小区居民小型车辆的正常通行，所以应要求施工单位控制设备和材料的搬运时间，尽量避开车流高峰期。此外，除用作回填的泥土外，应及时清除开挖出的废土，使其尽量少占道路，从而保证开挖道路上的交通畅通。另外，在施工现场须设置适当的警示和提醒标志，从而提醒行人和过往车辆注意安全。

此外，施工期间会对小区内部居民楼、周边企事业单位的正常供排水产生影响，因此施工单位必须合理安排施工，并将施工计划提前通知给小区内及周边可能受影响的人群，同时协调相关物业单位临时改造各用水部位和设施，以减轻可能造成的各种影响。

最后，应要求施工单位尽量减少施工过程中的环境影响，提倡文明施工，做到“爱民工程”。施工单位还须经常组织与业主的联络会议，及时协调和解决施工过程中的可能影响环境的问题。

通过以上方案提前识别干系人关注的问题，并拟定应对措施，能很好地协调工程项目人员与小区居民之间的矛盾，做到“爱民工程”，最大化社会效益。

7.4　经验与建议

通过本次工程实践，可以总结实用的经验与建议，为将来的商品房阳台立管混接改造项目提供参考。

首先，在施工前准备阶段，需要：

(1) 实地考察，了解民意和舆情，同时向有关部门、单位和专家进行咨询，听取不同的意见和建议。在此基础上，对利益相关方提出的意见和要求进行认真分析和评价，制订项目整体方案；

(2) 设置合适的工程施工原则，为整个项目奠定基调，确保工程范围、质量；

(3) 提前识别项目实施过程中可能遇到的各种风险和质量问题，与专家协商制订应对措施，确保工程顺利实施；

(4) 对居民关注的噪声、扬尘、交通、供排水等问题提前拟订措施，减少对居民生活的影响，做好干系人管理；

(5) 做好宣传工作，加强与居民的沟通交流；

(6) 培训项目相关人员遵守安全文明施工原则，尽量减少对居民、环境的影响并保证安全生产。

在施工阶段，为保证工程质量，需要：

（1）对塑料管材接口和回填采取严格的施工程序，防止管道日后出现倒坡；

（2）加强对开挖工程的管理，以避免对绿化植被造成过度破坏，导致后期工程成本的不必要的增加；

（3）若须新排管道，应对该区域地下管线进行探测，并根据地下管线现状设计新排管道的路线，以避免对现有管线的影响；

（4）建立严格的项目监理制度，统筹协调工程施工可能涉及的各种组织，严格把控施工过程的质量，并监测项目进度。

最后，在工程运营阶段，应该注意：

（1）督促小区物业加强对住户私接、违建等行为的监管，防止今后再次出现雨水、污水混接的情况。

（2）督促相关物业单位定期清理小区内容易堵塞的雨水管道、污水管道及排水明沟等设施，防止今后再次出现雨水和污水排放不畅的情况。

（3）涉及沿街商铺的，须与相关清捞单位一起制订合理的隔油池清理周期计划，防止隔油池因长期使用而堵塞，再次导致污水溢出等情况。

（4）接入市政污水管道前安装了排水专用检测井的，小区物业或相关责任清捞单位应根据小区实际情况，对排水专用检测井进行定期清捞，防止污水外溢。

（5）小区雨污混接改造完成后，应落实健全雨污混接整治的长效机制：

① 健全雨污混接巡查发现机制。结合排水管道设施的日常维护，严格落实排水管道设施外部巡视和内部检查制度，将雨污混接问题的识别作为巡视和检查的重要内容，并与设施维护单位的绩效考核挂钩；健全工作台账，建立雨污混接问题的溯源排查、信息报送机制，明确告知排水单位混接、混排行为的危害，要求其立即停止混接、混排行为，同时将问题抄

送相关执法部门；

② 健全雨污混接整改推进机制。针对不同类别的雨污混接问题，采取有针对性的整改措施，分类推进落实整改；综合运用执法手段，采取精细化管理、密切协同联动、严密排查迅速行动相结合的方式，推动存在雨污混接、混排行为的企事业单位和沿街商铺主动整改，对拒不整改的开展联合惩戒；通过宣传、推广、执法等手段，规范居民的排水行为，鼓励住宅小区雨污混接改造；市政雨污混接应即知即改；

③ 推进内部排水设施运维监督管理。积极引导住宅小区将内部排水设施的运行维护工作委托给市场专业化企业；研究住宅小区排水设施、截流设施的运维机制，加强对运维的监管工作；

④ 建立多元监督渠道。在小区公示牌公布投诉电话、举报电话，设立保洁意见，并聘请志愿者、社区代表等作为义务监督员，积极排查小区管网问题及存在的混接行为，及时制订相关措施，推进后期运营管理工作。

参考文献

[1] 王捷.上海市分流制排水地区雨污混接综合治理研究[D].兰州：西北师范大学,2019.

[2] 秦捷.上海市分流制地区雨污混接原因及改造方案的探究[J].城镇供水,2020(3)：77-80.

[3] 刘波,王捷.上海市排水设施运维机制探索[J].城乡建设,2019(2)：39-44.

[4] 梁冰.住宅小区阳台雨废水混接改造模式探讨[J].上海建设科技,2018(6)：17-18.

[5] 王晓芳.Z老城区雨污分流改造项目进度影响因素分析[D].济南：山东大学,2022.

[6] 张哲.居民区雨污分流改造工程方案应用与评价研究[D].济南：山东建筑大学,2021.

[7] 罗婕.中山市雨污分流项目运作中政府管理作用研究[D].成都：电子科技大学,2014.

[8] 冷远岗.老厂区雨污分流工程特点及改造策略分析[J].四川建材,2020,46(12)：182-183,215.

[9] 何伟雄.城中村雨污分流改造工程的技术探讨[J].低碳世界,2018(5):17-18.

[10] 陈春霄,战玉柱,吴述园,等.城市分流制排水系统中管网混接污染控制方案的优化选择[J].净水技术,2018,37(S1):217-220,229.

[11] 陈少煜.城区旧路雨污分流改造设计案例研究[J].建筑技术开发,2022,49(13):85-89.

[12] 滕俊伟.老城区道路雨污分流改造工程设计案例[J].智能建筑与智慧城市,2021(7):146-148.

[13] 竺子华.论建筑工程给排水施工常见问题与优化对策[J].中国石油和化工标准与质量,2012,33(12):214.

[14] 李志坚.建筑工程进度影响因素及其控制措施[J].建筑设计管理,2010,27(2):68-69.

[15] 杨超.WY市政道路工程施工进度控制研究[D].北京:北京交通大学,2022.

[16] 王雪.管网改造工程的项目进度管理研究[D].唐山:华北理工大学,2021.

[17] 陈泽平.城市排水中的雨污分流[J].株洲:株洲工学院学报,2005.

[18] 林群芳.企业运营管理的主要内容和方法分析[J].现代商业,2021.

[19] 刘志国.企业运营管理理论框架构建[J].中国管理信息化,2022.

[20] 唐建国.城镇排水管渠与泵站运行、维护及安全技术规范[M].北京:中国建筑工业出版社,2016.

[21] 叶晓东.基于污染控制的宁波市雨水系统规划研究[J].现代城市研究,2014.

[22] 贺琛,周国婧,张周,等.无锡市农村生活污水治理现状问题与对策[J].净水技术,2021.

[23] 莫筠.广州市污水治理项目风险及风险管理研究[D].广州:华南理

工大学,2012.

[24] 徐蕴荧.MC 河道水环境综合治理项目风险管理研究[D].镇江：江苏大学,2021.

[25] 张豪.P 医院改造工程项目风险管理研究[D].石家庄：石家庄铁道大学,2019.

[26] RONALD K M, BRADLEY R A, DONNA J W. Toward a theory of stakeholder identification and salience: defining the principle of who and what really counts[J]. The Academy of Management Review, 1997, 22(4): 853 - 886.

[27] 曹晓丽,陈立文,王颖振.基于沟通过程模式的项目利益相关者沟通效能评价研究[J].天津大学学报(社会科学版),2013,15(6):519 - 524.

[28] 余慕溪,陆瑶.PPP 模式下轨道交通项目干系人动态管控——以徐州轨道交通项目 1 号线为例[J].科技进步与对策,2016,33(16):119 - 123.

[29] PINTO J K, PRESCOTT J E. Planning and tactical factors in project implementation success[J]. The Journal of Management Studies, 1990, 27(3): 305 - 328.

[30] 魏世桥,何洋.基于 BIM 技术的项目管理平台研究及应用[J].水运工程,2018,545(8):113 - 117.

[31] 姚一峰.建设工程项目绿色施工管理措施和应用效果研究[D].上海：上海交通大学,2021.

[32] 浦东新区张江镇人民政府.张江镇小区雨污混接改造工程技术方案及费用[R].2022.

[33] 上海市人民政府.上海市水污染防治行动计划实施方案[EB/OL].(2016 - 01 - 21)[2023 - 06 - 30]. https://www.shanghai.gov.cn/

nw32868/20200821/0001-32868_46193.html.

[34] 上海市水务局,上海市房屋管理局.上海市住宅小区雨污混接改造技术导则[EB/OL].(2018-06-12)[2023-06-30]. http://swj.sh.gov.cn/kjbz/20200815/51925514e68d4671a6730bfacc61cde0.html.

[35] 上海市排水与污水处理条例[EB/OL].[2023-06-30]. https://law.sfj.sh.gov.cn/#/detail?id=6a11629ae92e2c5073056a7f1b429367.

[36] 上海市人民政府.上海市城镇雨水排水规划(2020—2035年)[EB/OL].(2020-07-02)[2023-06-30]. https://www.shanghai.gov.cn/nw48504/20200825/0001-48504_65224.html.

相关政策汇总

[1] 中华人民共和国国务院.《水污染防治行动计划》.2015 年 4 月 2 日.中国政府网.

[2] 上海市人民政府.《上海市水污染防治行动计划实施方案》.2015 年 12 月 30 日.上海一网通办.

[3] 上海市水务局.《本市建成区分流制地区雨污混接综合整治专项执法行动工作方案》.2017 年 8 月 31 日.上海市水务局官方网站.

[4] 上海市水务局.《2019 年上海市排水设施管理重点工作》.2019 年 2 月 26 日.上海一网通办.

[5] 上海市水务局、上海市房屋管理局.《开展上海市雨污混接综合整治攻坚战的实施意见》.2019 年 2 月 25 日.上海市水务局官方网站.

[6] 上海市人民政府办公厅.《上海市住房发展"十四五"规划》.2021 年 7 月 26 日.上海一网通办.

[7] 上海市水务局、上海市规划和自然资源局.《上海市城镇雨水排水规划(2020—2035 年)》.2020 年 6 月 17 日.上海市水务局官方网站.

结　　语

城市的发展和繁荣是一个复杂的过程，涉及多个方面和因素。其中，雨污混接改造工程在确保城市环境质量和市民生活水平方面发挥着至关重要的作用。然而，由于技术、管理、资金和政策等因素的复杂性，这类工程的实施往往面临很多挑战。《城市更新中的雨污混接改造：工程管理实务与创新》一书旨在通过系统地介绍和分析雨污混接改造工程以获得深入的理解和洞见，还可以找到创新和解决实际问题的途径。对于已经在雨污混接领域工作的专业人士来说，本书提供了许多实用的工具和方法，有助于提高他们的工作效率和效果。对于学生和学者，本书提供了扎实的理论基础，以及丰富的案例研究，有助于激发他们的兴趣和灵感。在环境保护和城市可持续发展日益受到重视的背景下，雨污混接改造工程将在未来继续发挥重要作用。希望读者们通过广泛地学习和应用本书中的知识和经验，能够为构建更加美好的城市环境作出贡献。

感谢所有为这本书提供建议和支持的人——同事、专家、学者和广大读者。对于本书可能存在的不足和疏漏之处，我们非常欢迎并期待读者提供宝贵的反馈和建议，以便我们不断改进。让我们携手并肩，以科学的方法和创新的精神，共同为城市的更新和环境的保护贡献力量。